广西第二期中职名师培养工程学员
丛书总主编：王 晞 张兴华

厚德正行　盘算未来
——经济欠发达地区中职会计专业建设

吴艳琼　著

北京理工大学出版社
BEIJING INSTITUTE OF TECHNOLOGY PRESS

版权专有　侵权必究

图书在版编目（CIP）数据

厚德正行　盘算未来：经济欠发达地区中职会计专业建设／吴艳琼著. —北京：北京理工大学出版社，2019.12

ISBN 978-7-5682-8014-3

Ⅰ.①厚…　Ⅱ.①吴…　Ⅲ.①中等专业学校-会计-学科建设-研究-河池　Ⅳ.①F23

中国版本图书馆 CIP 数据核字（2019）第 297761 号

出版发行／	北京理工大学出版社有限责任公司
社　　址／	北京市海淀区中关村南大街5号
邮　　编／	100081
电　　话／	（010）68914775（总编室）
	（010）82562903（教材售后服务热线）
	（010）68948351（其他图书服务热线）
网　　址／	http：//www.bitpress.com.cn
经　　销／	全国各地新华书店
印　　刷／	保定市中画美凯印刷有限公司
开　　本／	710毫米×1000毫米　1/16
印　　张／	13.5
字　　数／	170千字
版　　次／	2019年12月第1版　2019年12月第1次印刷
定　　价／	66.00元

责任编辑／刘兴春
文案编辑／施胜娟
责任校对／周瑞红
责任印制／李志强

图书出现印装质量问题，请拨打售后服务热线，本社负责调换

总 序

2008年，广西全面启动了首轮3年职业教育攻坚战；2011年，广西又进行了为期5年的深化职业教育攻坚。2009年，广西壮族自治区人民政府与教育部签订了《国家民族地区职业教育综合改革试验区共建协议》；2013年再次与教育部签署了深化共建试验区的协议。两轮职业教育攻坚、两次部区共建职业教育试验区，推动广西职业教育发展步入快车道。随着国家《中国制造2025》《现代职业教育体系建设规划（2014—2020年）》《高技能人才队伍建设中长期规划（2010—2020年）》的实施、"互联网＋"新业态发展与"一带一路"合作倡议的提出，特别是近年来《国家职业教育改革实施方案》《深化新时代职业教育"双师型"教师队伍建设改革实施方案》等一系列加快职业教育技术技能型人才培养、深化职业教育与高素质"双师型"教师队伍发展的战略举措出台实施，为广西职业教育的发展带来了新机遇、新挑战，也提出了新目标、新要求。

"兴教之道在于师"。加快发展现代职业教育，提升技术技能人才培养能力，教师队伍建设是关键。广西壮族自治区教育厅从2010年开始实施广西中等职业学校名师培养工程，为广西中职名师的脱颖而出铺路架桥，着力打造一支高素质、高层次、专家型的广西中职名师队伍，提高广西中职教师队伍整体建设水平，促进完善德技并修、工学结合育人机制，推动广西中等职业教育质量提升和现代化发展，为促进广西经济社会发展提供优质技术技能人才资源支撑。在广西第一期中等职业学校名师培养工程（2010—2015年）取得良好成效的基础上，广西师范大学作为承办单位，在广西第二期中等职业学校名师培养工程（2016—2019年）实施过程中，进一步探索中职教师专业发展规律，采取"多元开放、理实交融、项目驱动、道技相长"四位一体的培养模式和"结构化与个性化结合、技能性与学理性并重、导师制与自驱动共融"的培训策略，将阶段性集中培训、岗位自主研修和全过程跟踪指导有机结合，实现对中职名师培养对象的多维度、系统化培养。

教师的发展与提高，一靠内生动力，二靠资源条件。教师专业化培训是帮助教师学习、提高教育教学技能与实践创新能力的重要途径。广西中等职业学校名师培养工程为有发展潜质和强烈进取精神的优秀中职教师搭建一个视野宽广、资源丰富的学习和锻炼的高层次平台，创造一个中职优秀教师集聚的学习型组织、一个共同发展的精神家园。中职名师并非可以通过培养工程项目结业一蹴而就，因为中职名师需要实践的锤炼和时光的磨砺，需要更多实绩的证明和社会的认同。如果被培养者有强烈的自主发展意识，有主动学习的动力，珍惜培养机会，挖掘自身潜能，认真向导师、同伴学习，在教育教学实践中不断超越自我、追求卓越，那么善教学、会研究、有创新，获得学生欢迎、行业认可的中职名师就一定会层出不穷。

令人欣喜的是，广西第二期中等职业学校名师培养工程的学员们在3年培养期里取得了突出成绩，涌现出国家"万人计划"教学名师、全国优秀教师、广西教学名师、特级教师等新一代中职教育领军人物，在广西中职教师群体中发挥了示范引领作用，成为广西职业教育发展的中坚力量。广西中等职业学校名师培养工程已经成为广西中职师资培训的特色品牌，被誉为"着眼和服务广西职业教育未来发展的教师教育工程"，在广西中职教师队伍建设工作中具有里程碑的意义。

着眼于进一步发挥中职名师培养对象的社会贡献，辐射培训基地师资培养经验，"广西第二期中职名师培养工程成果书系"得以编纂出版，使广西广大中职教育同仁能够共享这一优秀师资培训工程的资源与成果。在这套成果书系中，生动地呈现了善学习、会思考、充满责任感和使命感的培养对象、专家导师等个体形象，以及由他们共同组成的优秀教师群体和专业化培训团队的形象。学海无涯，总结提炼其求索成长路上的进取与感悟、心得与智慧，对广西中等职业学校名师培养工程具有一定的借鉴意义。

中职教师队伍的建设，任重道远；中职教师教育的创新，前路漫漫。诚愿广西中等职业学校名师培养工程系列成果能在关心广西中职教育的教育工作者和业界朋友中引起共鸣，进一步激活广西中职教育发展的蓬勃力量和无穷智慧，为广西职业教育改革发展提供人才保障和智力支持做出更多贡献。

是以为序，与广大中职教育同仁共励共勉。

本书编委会

前　言

　　会计是现代重要的服务行业之一，关系到经济发展和经济安全。在信息科学技术不断涌现的新时代，财务机器人的出现使会计教育面临新挑战，特别是中职会计专业建设及发展问题一直广受社会各界的关注，值得探讨。寒来暑往，披星戴月，无数会计人在会计大变革中不断提升自己，经济欠发达地区的会计职业教育者，更是耕耘不辍，挑灯夜战，结伴前行，在"杏坛"上和"竞技场"里，"拼却心血千万点，换得梅花枝头艳"，谱写职业教育的动人赞歌。

　　中职学校会计专业学生怎样才能在竞争激烈的环境中稳中求进，凸显自我，适应时代发展，是需要深刻思考的问题，它关乎发展的方向，学生的未来。中职会计专业教育者尤其需要把握新时代，聚焦新需求，精准新改革，聚力新措施，继往开来，以"厚德正行，盘算未来"为教育理念，以立德树人为教育目标，以学术梯队建设为核心，以教学质量为先导，以技能比赛为手段，怀着感恩的心，走好未来职教路，超越自我，站在全国职教最高处！

　　我国的中西部属于经济欠发达地区，广西河池、百色、来宾、贺州属于广西经济最不发达的地级市。百色、来宾、贺州三市中职校无国家级示范学校，百色、贺州两市仅有两所中职校的会计专业是自治区级示范专业。河池市职业教育中心学校是广西32所中职学校国家级示范学校之一，又是2018年自治区教育厅公布的自治区第一批中职学校星级认定的8所五星级学校之一，并且排名第四。河池市职业教育中心学校会计专业已成为国家重点示范学校重点建设专业。经济欠发达地区中职会计专业的发展比不上经济发达地区，但是历经数十载的积累，也有其特色。本书大部分以河池市职业教育中心学校会计专业为例阐述。

　　本书的创作团队成员包括黄丹峻、唐婕、黄婕、吴黎群、潘玉金、奉永文，在书稿修订过程中不断补充和更新中职会计专业建设研究教学成果。专著得以完成，离不开以上人员的大力支持和全力配合，对此表示衷心感谢。

本书在写作过程中，得到了广西师范大学徐京耀副教授的悉心指导与帮助，还得到了北京理工大学出版社的大力支持，在此深表感谢。对学校领导、广西师范大学职业技术师范学院的领导、老师们对本书提出的宝贵意见和建议，在此一并表示衷心感谢。

由于作者的学识有限，加之写作时间仓促，书中难免存在错漏和不足之处，我们真诚希望读者提出宝贵的意见和建议，使之日臻完善。

吴艳琼

2019 年 1 月 23 日

目 录

第一章　经济欠发达地区中职会计专业建设背景 …… 001

　第一节　经济欠发达地区中职会计专业历史
　　　　　沿革 …………………………………… 001

　第二节　经济欠发达地区中职会计专业发展
　　　　　现状 …………………………………… 008

　　一、培养对象方面 ………………………………… 008

　　二、师资队伍方面 ………………………………… 008

　　三、教学条件方面 ………………………………… 010

　　四、考核形式方面 ………………………………… 011

　　五、课程设置方面 ………………………………… 011

　　六、对口顶岗实习、就业方面 …………………… 012

　第三节　经济欠发达地区中职会计专业发展的困境 …… 012

　　一、会计专业人才培养和课程体系改革难度大 …… 013

　　二、构建"双师型"师资队伍难度大 …………… 013

　　三、改善实训实习条件难 ………………………… 014

　　四、生源质量普遍偏低 …………………………… 015

　　五、社会认可度低 ………………………………… 016

　第四节　经济欠发达地区中职会计专业发展前景 ……… 016

　　一、中职会计专业毕业生去向有变化 …………… 016

　　二、中职会计专业就业岗位逐步拓宽 …………… 017

　　三、中职会计专业会计技术有变化 ……………… 017

第二章 经济欠发达地区中职会计专业建设实施 …………… 019

第一节 政行企校合作 ……………………………………… 019

一、成立会计专业建设指导委员会 ……………………… 020

二、成立职教集团 ………………………………………… 022

三、建成政行企校联动机制 ……………………………… 023

四、政行企校联动承办规模最大的比赛 ………………… 024

五、政行企校联动辐射带动专业群建设 ………………… 029

第二节 构建人才培养和课程体系改革新模式 …………… 030

一、政行企校共同构建工学结合的专业人才
培养方案 ……………………………………………… 030

二、政行企校协同创新"分阶段职业岗位递
进式"人才培养模式 ………………………………… 099

三、政行企校共同创建基于岗位职业能力需
求的模块化课程体系 ………………………………… 100

四、政行企校共同实施四层双轨递进系统化
教学模式 ……………………………………………… 103

五、政行企校共同完善学生多元化考核评价
体系 …………………………………………………… 103

六、政行企校共同研讨中高职和专业对口升
本培养方式 …………………………………………… 105

第三节 加强师资队伍建设 ………………………………… 106

一、外引内培增强教师团队实力 ………………………… 106

二、"以老带新、以新促老"共同提高 ………………… 110

三、多措并举提升教师教科研能力 ……………………… 115

四、以赛促教,提升教学水平 …………………………… 117

第四节　厚德精技育英才 …………………………………… 118
- 一、注重职业素养和德育教育 ………………………………… 119
- 二、打造一专多能的会计学子 ………………………………… 121
- 三、以赛促学，提高技能水平 ………………………………… 121
- 四、专业对口顶岗实习、就业 ………………………………… 122
- 五、打通中高职衔接通道，升学之道宽敞平坦 …… 123

第五节　政校企共建实训基地 …………………………… 124
- 一、政校合作成立会计考培中心 ……………………………… 125
- 二、校企行共同成立会计服务公司 …………………………… 126
- 三、政校企共同新建和完善校内实训室 ……………………… 127
- 四、政校企共同新建校外实习基地 …………………………… 129
- 五、政校企共同建设校内特色实训基地 ……………………… 130

第三章　经济欠发达地区中职会计专业建设成效 ……… 132

第一节　政行企校联动机制健康运行效果好 …………… 132
- 一、顶岗实习，效果良好 ……………………………………… 133
- 二、学生大赛，成绩突出 ……………………………………… 135
- 三、师资队伍，头角峥嵘 ……………………………………… 137
- 四、专业社会化服务效果好 …………………………………… 143
- 五、辐射带动专业群建设 ……………………………………… 152
- 六、服务地方经济 ……………………………………………… 154

第二节　形成专业特色 ……………………………………… 155
- 一、"学业职业融合"理念 …………………………………… 155
- 二、"四层双轨"递进教学 …………………………………… 156
- 三、工学顶岗就业结合 ………………………………………… 157
- 四、政行企校联动 ……………………………………………… 158

第三节　建成会计专业群贯通的实训基地…………… 161
　　一、建成会计专业群课程相互渗透……………… 161
　　二、建成跨专业共享的综合性实训基地………… 162
　　三、实施技能型紧缺人才培养等富有成效 ……… 164
　　四、基地建设的经验……………………………… 165
第四节　中高职有机衔接……………………………… 168
　　一、构建中高职一体化人才培养模式…………… 168
　　二、形成中高职无缝衔接的课程体系…………… 168

第四章　经济欠发达地区中职会计专业建设反思…… 170
第一节　巧借东风，政府助推………………………… 170
第二节　厚德精技，快人一步………………………… 175
第三节　凤凰涅槃，直面挑战………………………… 181
　　一、会计新政迭出，中职会计专业建设有何
　　　　应对之道 ……………………………………… 183
　　二、人工智能时代，中职会计专业建设如何
　　　　拥抱未来 ……………………………………… 191

结束语 ……………………………………………………… 201
参考文献 ………………………………………………… 202
后　记 …………………………………………………… 204

第一章 经济欠发达地区中职会计专业建设背景

第一节 经济欠发达地区中职会计专业历史沿革

根据经济发展的不同水平，我国社会被分为发达地区、中等发达地区和欠发达地区，欠发达地区是一个相对概念。经济欠发达地区，是指那些有一定经济实力和潜力，但与发达地区还有一定差距，生产力发展不平衡，科技水平还不发达的区域，如我国的中西部地区。河池、百色、来宾、贺州属于广西经济最不发达的地级市。河池地处广西壮族自治区西北边陲、云贵高原南麓，是大西南通向沿海港口的重要通道，东连柳州，南界南宁，西接百色，北邻贵州省黔南布依族苗族自治州，属于"四区"，"四区"即革命老区、少数民族地区、国家重点扶持的贫困地区、西部大开发的重点地区；享有"六乡之誉"，"六乡"即中国有色金属之乡、中国水电之乡、世界铜鼓之乡、世界长寿之乡、壮族歌仙刘三姐的故乡、红七军和韦拔群的故乡。河池是广西实施西部大开发的重点区域，也是广西少数民族聚居最多的地区，其下辖的9个县中，5个为少数民族自治县，7个为国家级深度贫困县，2个为广西区定扶贫县。百色市是以铝为主的广西壮族自治区新工业基地、广西壮族自治区卫生城市、全国双拥模范城、中国优秀旅游城市，同时也是一个集革命老区、少数民族地区、边境地区、大石山区、贫困地区、水库移民区六位一体的特殊区域，其下辖的11个县中有7个是国家级深度贫困县，2个是广西区定扶贫县。来宾，享有世界瑶都、中国观赏石之城、广西煤都等美称，被评为首批国家公共文化服务体系示范区创建城市、全国全民健身示范城市、全国文明城市提名城市、全国双拥模范城、国家森林城市、广西园林城市。其下辖的县中有2个是国家级深度贫困县，2个是广西区定扶贫县。贺州是大西南连接粤港澳的重要通道，是广西面向粤港澳开放的前沿和窗口，是中国第一批外向型林业改革试验区。贺州有"五乡"之誉（中国客家之乡、名茶之乡、奇石之乡、脐橙之乡和马蹄之乡），是中国优秀旅游城市、全国双拥模范城、国家森林城市，是"中国长寿之乡"，同时也是"世界长寿市"。其下辖的县中有1个是国家级深度贫困县，2个是广西区定扶贫县。

改革开放以来，经济欠发达地区与发达地区之间经济发展上的差距有不断加大的趋势。相对而言，经济欠发达地区起步晚、发展慢，区域内经济社会发展不平衡，城市化进程缓慢，中小微企业居多，企业的工作条件和工作环境不是很理想。经济的不发达，必然影响到各行各业，人们对职业教育发展的认识、重视程度、支持力度自然也不同。中职会计专业的发展与发达地区之间也有一定的差距。

无论经济发展水平是否相同，中职会计专业一直是一个历史悠久的传统专业，为社会培养了大量合格人才。由于无论公司规模大小，都需要财会人员来保证正常的运营，可以说会计人员是企业的核心人员之一，是机构运转的关键角色。这也引发了会计教育的热潮，无论是本科、大专、中职、夜大等都开设了会计专业，由于这种盲目扩张，使得普通财会类人才的薪酬水平出现低迷。另外，全日制普通中专学校的会计专业从两年制到四年制再到三年制，公办全日制普通中专学校的会计专业毕业学生由国家包分配到国家不再包分配，中职会计专业招生人数由鼎盛逐步跌入低谷。

随着我国经济体制改革的不断深化，无论发达地区还是欠发达地区培养的中职会计专业的学生均不能满足社会各行各业对会计职业的需求。中职会计专业从盛极一时的热门专业逐步降为一般专业，经济发达地区开设有会计专业的学校普遍如此，经济欠发达地区中职会计专业发展较好的如河池市职业教育中心学校、百色市财经职业技术学校、广西右江民族商业学校、贺州经济管理干部中等专业学校（现已并入广西贺州职业学院）也是如此。

广西职业教育网公布的数据显示，2017年广西中职学校国家级示范学校共32所，广西中职学校区级示范学校共88所；从学校分布情况分析得知，32所中职教育国家级示范学校中，广西经济欠发达地区仅河池有1所，百色、贺州两市无国家级示范学校，广西经济欠发达地区中职会计专业成为国家重点示范学校重点建设专业也仅河池1所；百色、贺州两市中职会计专业是自治区级示范专业的也仅有2所。广西经济欠发达地区的河池市职业教育中心学校会计专业已成为国家重点示范学校重点建设专业，该专业目前3个年级12个班有657人；百色市财经职业技术学校会计专业是自治区级示范专业，该专业目前3个年级8个班有406人；广西右江民族商业学校会计专业是自治区级示范专业，该专业目前3个年级8个班有400人左右；广西贺州职业学院（由原贺州市5所中等职业学校和广西广播电视大学贺州分校整合组建而成，2017年3月八步区职业技术学校也并入该院）的财经文教系中职会计专业目前在校2个年级6个班有250人左右，其他县级中职学校的会计专业不是被新兴专业取代，就是每年最多招生人数不超过55人。经济欠发达地区中职会计专业的发展受限于学校现有的条件、地方政府财政对中职学校投入的经费、学校对专业建设的投入量、校企合作的积极性等因素，存在很多问题，相对于经济发达地区中职会计专业而言发展滞后，但也有许多可取之处。以河池市职业教育中心学校会计专业为例，发展经历了三个阶段：

第一阶段：会计初始培训时期（1976—1984年）。1976年3月，河池地区财贸干校（如图1-1所示）从宜山县庆远镇搬迁到河池县金城江镇，坐落在教育路，毗邻河池地区高中。财贸干校的主要任务是对在职在岗经济类干部进行培训，目的是提高河池地区财、粮、贸、税、工商等部门干部对会计、财税、工商等方面知识的了解。每年分四期进行培训：助理会计师工业培训、助理会计师商业培训、税务培训、工商行政培训，每期培训班招收40名左右学员。会计教师主要由从财、粮、贸部门临时抽调从事会计工作的干部担任。之后，陆续从高校分配来少量会计专业、文化课教师到学校任教。

图1-1 河池地区财贸干校校门

第二阶段：会计专业发展时期（1985—2007年）。1985年，广西河池财经学校（如图1-2所示）成立（成立批文：〔85〕桂教黎字18号），作为两年制公办全日制普通中专学校，面向全区招生，国家包分配。从学校成立之初到20世纪80年代末期，会计专业是学校开设的四个专业之一，学校每年招生200名左右。90年代中期，学制改为四年制，国家包分配，单会计专业每年招生人数曾达到400名左右。进入2000年后，国家不再包分配，招生人数明显下降，在校会计专业学生不到500人。2008年以后普通中专学校发展艰难，学校招生进入瓶颈时期，会计专业发展也陷入困境。此阶段陆续从高校分配来较多专业课、文化课教师到学校任教，会计专业的师资队伍不断壮大，趋向于专业化。

图1-2　广西河池财经学校校门

第三阶段：会计专业辉煌时期（2008年至今）。河池市委、市政府高度重视职业教育发展，2008年8月，决定把4所发展艰难的中专学校（河池机电工程学校、广西河池财经学校、河池民族中专、河池经贸学校）整合组建成立河池市职业教育中心学校（如图1-3所示），并在土地紧张、财政困难的情况下，安排城区300亩[①]土地和3.5亿元资金建设新校区。在市委、市政府及各部门的大力支持和学校领导的带领下，会计专业得到了很大的发展，并取得了优异的成绩。会计专业两年（2009—2010年）实现"三级跳"，创建自治区示范专业、自治区示范实训基地、国家重点骨干专业，三年实现"四级跳"，成为立项建设国家中等职业教育改革发展示范校重点专业。2014年10月，会计专业通过国家中等职业教育改革发展示范学校示范专业教育部验收。

图1-3　河池市职业教育中心学校校门

---

① 1亩≈666.67平方米。

截至2018年,会计专业教师团队(如图1-4所示)拥有专任教师48人,全部具有本科学历或硕士研究生学历,其中具有高级讲师职称的有22人。专业课教师40人中,广西名师1人,会计专业学科带头人5人,高级"双师型"教师2人,"双师型"教师22人。自治区级立项课题12项,会计专业教师完成课题研究10项;发表论文65篇,获奖论文35篇;编写10门核心课和16门非核心课的课程标准;公开出版6本教材;资源库容量3T。会计专业教师参加全国、全区信息化教学、会计技能比赛,成绩喜人。教师参加市级以上教学和信息化等比赛获一等奖9项,二等奖17项,三等奖34项。2016年,会计教研组荣获广西壮族自治区总工会颁发的广西五一巾帼标兵岗。2016年以来的中职对口升本科考试中,共有24位学生考上本科院校。

图1-4 河池市职业教育中心学校会计专业教师团队

学校会计专业团队先后承办了2015年、2018年、2019年广西职业院校技能比赛中职组会计技能比赛(如图1-5~图1-7所示),三届比赛,两个赛项的参赛学校数量、参赛代表队数量、参赛选手数量都创造了历史新高。教育厅领导、市政府领导、市教育局领导对河池市职业教育中心学校竞赛的组织工作给予充分肯定。从参赛校指导老师赛前培训、参赛队报到、裁判组工作会议、领队会、抽签、竞赛到成绩评定等,整个过程有序进行,并得到一致好评。2016年3月,学校成功申报500万元的会计专业特色项目建设,实训设备总价值达到1 000万元,现拥有13间会计实训室、1间会计服务公司,实训工位达到 660 个，极大满足了师生教学、实训实习的要求。

图 1-5　承办 2015 年广西职业院校技能大赛中职组会计技能大赛

图 1-6　承办 2018 年广西职业院校技能赛中职组"会计技能"赛项开幕式

图 1-7　2019 年广西职业院校中职组会计技能比赛"现金盘点"项目场景

2010—2016 年，指导会计专业学生参加市级以上专业技能比赛，共获一等奖 40 项、二等奖 58 项、三等奖 67 项。学生参加全国、全区文明风采比赛，共获一等奖 25 项、二等奖 27 项、三等奖 61 项；4 名学生分别获得第二届、第三届"广西新时代刘三姐"光荣称号。几年来，会计专业先后为社会输送1 000多名会计人才，他们受到了用人单位的普遍欢迎，使学校在全市乃至全自治区享有较高的社会声誉。

第二节　经济欠发达地区中职会计专业发展现状

随着会计行业的发展，目前全国会计人才市场逐渐呈现出两极分化的趋势：一方面，普通会计人才严重饱和；另一方面，高级会计人才严重短缺，甚至需要从其他国家引进。从会计发展的范围来看，随着我国对外贸易的发展，会计核算工作也开始国际化。从宏观的角度来看，我国会计行业发展已趋于成熟，各类相关的行业法律法规也逐步健全。财政部副部长王军表示，在不久的将来，高端会计师将会成为我国会计的重点培养对象。然而经济欠发达地区中职学校为了解决欠发达地区适龄青年的就业问题，为欠发达地区的经济发展提供实用型人才，把教学目标和任务定位在为当地培养掌握会计基本理论知识和实操技能的初级会计人员，中职会计专业培养的学生面临巨大冲击。

一、培养对象方面

经济欠发达地区就读中职学校会计专业的学生，大多数是参加中考后进不了普通高中的，有些甚至还没有完全达到初中毕业生的水平，绝大多数成绩偏低。在他们身上，学习缺乏自信、学习目标不明、学习态度不端、学习习惯不良、学习方法不对等问题特别明显。基础知识薄弱、对理论学习兴趣不高，在很大程度上限制了他们的发展。

二、师资队伍方面

由于地域局限性、经济条件落后等因素，虽然职业教育不断发展，但是相对发达地区，经济欠发达地区的教师在工作后接受培训、继续教育的机会少，所以知识更新缓慢，教育观念不能跟上时代发展。所以部分教师不了解中职生和中职教育特点，造成教学方法单一，仍然沿用传统的"满堂灌""填鸭式"的教学法，这种教学模式缺乏双向交流，教学效果不好，再加上学生本身基础差，学习积极性不高，难以跟上教学进度，因此容易对学习产生厌倦心理，严重的会放弃学业。另外，随着经济快速发展，国内外的经济政策和财经法规呈现出不断变化、调整的特点，随之对应的，企业对经济业务的会计处理方法也会不断有新的变动，如果中职学校会计专业课教师只满足课堂教学，缺少与企业的联系和接触，就不能密切跟踪了解企业现实情况，加上经费、用人制度等原因，中职学校不聘请企业会计工作人员到学校上课、开讲座，那么教学内容就仅限于教材形成时的经济发展现状，很难做到与当前企业会计工作内容无缝对接，相应的课堂教学只会越来越脱离实际工作，最终造成学生学到的知识只适合用于"纸上谈兵"。

经济欠发达地区师资队伍结构不合理，教师学历、职称达标率较低。如百色市有8所职业学校，教师学历（本科）达标率仅为57.5%；职称方面，中级职称达标率40.9%，高级职称达标率10%；双师型教师占专任教师的19.1%。这显然不能适应职业教育的发展。特别是县级中职学校普遍缺少专业课教师。教师队伍极不稳定，优秀教师留不住，专业人才引进难。据不完全统计，2011—2015年，从河池市级中职学校调到发达地市或辞职的专任教师共有110人，其中高级讲师、学科带头人调动14人，专任教师调动34人，新录用的专业教师辞职62人。职业院校急需引进的冶金、工业机器人技术、3D打印技术等高端专业人才，即使拿出宝贵的编制到重点高校引进毕业生，也无人问津。以上问题的根源是贫困地区的专业教师待遇低，收入与付出不对等，中职学校教师职业缺乏吸引力。非实名制教师编制因财政补助标准低，年平均工资在1.8万~2万元，仅为实名制编制教师工资的60%左右，工资待遇低，无法引进高端人才。

三、教学条件方面

经济欠发达地区多数属于国家老、少、边、山、穷地区，经济欠发达地区中职教育与发达地区相比普遍存在的问题是：基础设施建设相对落后，对照国家教育部颁发的教学评估体系标准，经济欠发达地区的中职学校各项指标的达标率很低。例如，河池市共有中职学校16所，其中，市直中职学校4所，市直技工学校2所，县直中职学校10所。在中职学校中，有国家重点中职学校、国家中职教育改革发展示范建设学校1所，自治区级重点（示范性）中职学校4所。中职在校生31 566人，中职毕业生初次就业率达90%以上。2012—2016年，全市投入11.73亿元用于发展职业教育，其中市本级财政投入7.4亿元。中职学校的校园面积、校舍建筑面积、实训设备总值等办学指标比"十一五"期间明显增长，办学条件得到极大改善：中职学校校园占地面积达到127.04万平方米，增加了24.97万平方米，增幅达24.46%；校舍建筑面积达到46.11万平方米，增加了21.19万平方米，增幅达85%；实训设备总值达到16 412.18万元，增加了10 669.53万元，增幅达186%。政府对职业教育工作的重视程度不断提高，河池市中等职业教育在经费投入方向增幅明显，有效缓解了中职教育经费严重不足的局面，使中职教育得到了持续性发展。河池市是著名的革命老区、少数民族地区、国家重点扶持的贫困地区，经济欠发达，地方财力有限，地方政府的财政力量及其投入与愿望并不匹配，导致在中等职业教育经费投入方面仍然存在一些问题。根据教育部公布的2016—2017年全国教育经费情况统计分析可知，2017年，全国教育经费总投入为42 562.01亿元，比上年的38 888.39亿元增长了9.45%。2016年中等职业教育经费总投入为2 223亿元，比上年增长3.97%；2017年全国中等职业学校教育生均一般公共预算教育事业费支出为13 272.66元，比上年的12 227.7元增长了8.55%。2017年全国中等职业学校教育生均一般公共预算公用经费支出为18 364元，比上年增长了8.11%。可见全国教育经费总投入量是逐年增长的，职业学校教育经费的投入总量也不断增大。尽管全国中职教育经费有了大幅增长，如 2017 年全国中等职业学校教育生均一般公共预算教育事业费支出增长最快的是西藏自治区，为 48.53%，但是欠发达地区由于经济总量小、人均地区生产总值低、财政收入少、经济发展水平落后等诸多原因，中职教育经费缺口仍然很大，中职教育经费投入、教育生均一般公共预算公用经费支出等远远低于全国的平均水平。总之，经济欠发达地区由于财政收入不高，政府投入资金较少，用于改善办学条件的经费严重不足，中职学校硬件和软件建设力度不足，教学设备比较陈旧，许多实训室已不适应教学的需求。

四、考核形式方面

目前的教学改革倡导在对学生进行考核时，使用形成性评价和终结性评价相结合的方式。经济欠发达地区由于教育观念较为落后，闭卷考试分数依然是很多中职学校的会计专业的唯一考核标准。这种单一以分数为标准的终结性考试方式，首先难以正确反映一个学生的职业技术水平，特别是非智力因素，比如良好的职业道德和心理素质等；其次会引导学生对知识点死记硬背，忽略会计专业的技能掌握；最后，枯燥的教学内容会降低学生的学习热情，削弱他们的学习能力。"高分低能"的学生在参加工作之后，无法把握会计工作的精神所在，无法正确运用会计技能，无法根据具体工作环境要求提升自己，难以适应工作岗位的要求，最后会自然而然被社会淘汰。

五、课程设置方面

在课程设置方面，很多中职学校理念落后于现实的发展情况。本来，中职学校的目的是要培养具备很强动手能力的技能型人才，但是经济欠发达地区的中职学校，在课程设置方面，没能与迅猛发展的社会经济保持同步，会计规章制度、经营管理制度等课程都无法与时俱进。部分中职学校在选择会计教材时，侧重于理论的分析和对会计制度的单一解释，培养出的毕业生在走上工作岗位之后，只会"纸上谈兵"，仅仅知道固定的会计法规，却无法灵活运用。更有甚者，有些中职学校正在使用的部分教材，对现有的会计岗位缺乏具体的调查研究和深入了解，内容陈旧过时，拿旧知识教给学生，要他们去应对新情况，使得学生构建知识体系的基础都不牢固，严重影响后续的学习。

六、对口顶岗实习、就业方面

因为财务岗位涉及企业的商业秘密、不便对外公开的重要信息，所以在与中职学校合作建立会计专业的实习基地这个问题上，大多数企业都持否定态度，因此中职学校会计专业在外建立对口顶岗实习基地就很难落实。同理，企业也不太愿意接受在校学生进行会计工作岗位（群）的实习。经济欠发达地区多数是小微企业，对口顶岗实习岗位少，一般情况下企业根本不可能大批量安排学生顶岗实习，即使勉强接受，人数也有限。就算学生进入企业实习，通常情况下，涉及会计业务处理的大部分实际工作，企业财务人员都不会让学生去接触和处理。他们接触的也只是凭证、账表、会计工作流程、会计工作环境等表象的东西，所做的多是打印、清洁卫生、文档复印和整理、打印发票等不影响企业商业秘密和重要信息的简单性工作。在企业实习期间，因为无法完全接触真账，学生实际动手的机会很少，所以得不到真正的锻炼，在会计工作岗位（群）上的专业能力自然得不到实质的提高。

虽然会计专业学生的就业领域不断扩大，从事的行业呈多元化。但是目前在经济欠发达地区，对劳动力的需求是有限的，扩大再生产潜能也不大，中职学生的市场竞争力不强，就业机会少，绝大部分企业能提供的与会计专业对口的岗位都比较有限，造成很多会计专业学生毕业后主要从事的职业是：收银员、推销员、营业员、文员、仓管员、服务员等，真正能从事会计工作的学生较少。学生毕业后的单位选择、岗位选择受到了很大限制，对口就业困难。

第三节 经济欠发达地区中职会计专业发展的困境

随着经济的发展，会计专业也在日新月异地变化着，新的会计制度日趋完善，会计行业发展趋势更倾向于管理会计、财务分析、财务管理工作，会计岗位对会计人员的要求也越来越高。经济欠发达地区面临着以下困境：

一、会计专业人才培养和课程体系改革难度大

经济欠发达地区中职学校会计专业设置不能与会计行业的需求相适应。近几年来，会计新业务不断涌现，我国会计制度、会计准则也发生了很大的改变，而经济欠发达地区会计专业人才培养课程体系改革滞后，新会计制度及准则、经营管理制度等知识的更新和推广都无法做到与时俱进。

很多学校的教材、会计模拟资料等仍是几年前甚至十几年前的，不能紧跟现实，教学内容滞后，与会计工作岗位实务严重脱节。教学停留于脱离实际的经济业务处理，缺乏真实感，学生的学习兴趣就会逐渐变淡。更有甚者，部分教材是在没有对会计岗位进行具体的调查研究以及深入了解的情况下使用的，使学生在构建知识体系的时候缺乏正确的、科学的课程理论知识。另外，还有些学校在选择会计教材的时候比较侧重于理论的分析以及会计制度的单一解释，这就使得学生在走上工作岗位之后仅知道固定的会计法规，而无法将这些法规进行灵活运用。经济欠发达地区多数中职学校会计专业教学考核制度沿用一成不变的笔试考核，这在一定程度上抑制了学生学习的积极性，不利于促进学生学习，也不利于促进学生个性与能力发展。同时，现有专业主干课程在内容上还存在着过多重复等问题，给会计专业人才培养和课程体系改革增加了难度。人才培养模式在很大程度上影响了中等职业学校对会计专业人才的培养，也大大限制了中等职业学校的规模，阻碍了中等职业学校会计专业的发展。

二、构建"双师型"师资队伍难度大

经济欠发达地区师资力量，普遍存在教师不稳定、数量少、师资结构不平衡等问题，尤其缺乏既懂会计基本理论，又能动手操作的"双师型"教师。大部分教师只局限于照本宣科，满足于完成上课任

务，忽视与所学专业、授课专业相关的行业（企业）对接，不重视对学生的能力培养。经济欠发达地区本身由于经济落后，对外交流少，专业理念已然落后，加上专业课教师缺乏联系行业（企业）的热情，缺乏到企业锻炼的主动性和为企业服务的意识，教学效果自然不佳。有的教师在传统会计教学方式的影响下，把记忆当作传授知识的唯一方式，仍沿用应试教育过时的"填鸭式"教学——教师讲、学生记，不利于学生全面素质的提高。一些会计教师往往长期从事理论工作，与会计的实践工作严重脱节，在教学中会不可避免地存在着强烈的理论色彩。此外，部分教师教育手段单一化，不利于调动学生的学习积极性，无法培养学生独立思考的能力。这种现象的出现，与教学硬件滞后有着一定的关系，教学硬件的滞后造成学生的实践能力得不到真正的锻炼，影响整个会计教学的工作质量以及教学效果。同时也因为师资紧缺、外出学习机会少、教学任务重等客观因素，教师要进行教学改革困难较大。社会飞速发展，市场人才培养需求和教学对象不断变化，会计专业教师如何及时更新专业知识，锐意进取，通过教学改革创新提升教学能力是关键。

三、改善实训实习条件难

欠发达地方经济条件较为落后，政府财政收入不多，财力物力的匮乏最终造成对职业教育的投入有限。尽管政府不断加大对教育的总体投入，但是对于中职教育来说，其教育经费不足的问题仍然突出，教育资源在学校间的分配、区域间的配置还存在着不公平和不合理。如河池市的河池市职业教育中心学校，百色市的百色市财经职业技术学校、广西右江民族商业学校等两家中职学校，贺州市的贺州经济管理干部中等专业学校，都属于经济欠发达地区开设有会计专业并且做得较好的中职学校，也是如此。不少中职学校会计专业的实训室环境简陋、设备落后，只有简单的桌椅、陈旧的电脑和其他一些实训材料、设备，更别提及时更新会计资料、会计软件。有些学校甚至只有一间会计模拟实训室，根本满足不了同一年级不同班级同时开展实训教学，所以只能将大多数的实训教学安排在普通的教室进行，让学生进行手工会计模拟实训，会计电算化实训无法安排，至于用同一套会计实训资料同步进行手工会计和会计电算化实训根本不可能做到。学校实训教学的硬件条件无论是环境设置还是仿真软件的配备都相当落后，与企业真实的会计工作环境相去甚远。教学条件的简陋导致教学效果不佳。

近几年来，地方经济变化大，企业类型变化了、会计制度改革了、教学软件更新了，但是经济欠发达地区相对经济发达地区而言，政府投入较少，实训实习条件跟不上社会的发展，在教学方面想要和企业（行业）零距离对接，实施困难。近几年来，国家高度重视职业教育，支持的力度也很大，中职学校的办学规模、办学条件也得到了改善，但是经济欠发达地区多数中职学校会计专业实训教学软件的升级换代仍然十分困难，这是因为地方财政困难，资金紧缺没有分配资金给学校，即使少数学校申请到资金，也不多，再加上手续烦琐等，多数中职学校会计专业普遍存在实训室数量少、硬件设备陈旧、软件无法及时更新、实训实习环境差等问题。由于教学条件的限制，教师在教学中很难做到面面俱到、明确分工。学生不可能接触真账，在实训教学中如果再没有进行仿真教学的条件，就不能使每个学生都体验到会计每个岗位的工作职能及业务处理，学生步入社会就无法应对，自然更谈不上有社会竞争力。

四、生源质量普遍偏低

经济欠发达地区的职业教育基础薄弱，会计政策发展及教育教学改革滞后，结构欠合理。无论参加中考与否、考的分数多少、应届或往届一律可以就读中职学校，学生多数为参加中考后未被普通高中录取，而不得已选择了职业教育，面对很多学科知识不能正常理解和掌握，甚至存在畏学、厌学、惧学的心理。中职生的学习基础普遍偏低，加上他们年龄偏小，学习上缺乏积极性和自主学习能力，专业知识理解难度大，学生容易对学习产生厌恶心理，学习效率低。中职会计专业学生自身起点低，导致在与高职、大学本科会计专业学生同时参加同类考试时，总是居于下风。外加会计工作的特殊性，用人单位对录用中职生不放心，会计专业学生对口实习、就业难度大。长此以往，造成恶性循环，职校的美誉度降低、信誉度下滑，进而影响中职学校会计专业的健康发展。

五、社会认可度低

家长们普遍都认为"上大学是成才的唯一途径""只有读高中才能上大学"，受升学教育和"读书无用论"影响，社会上的大多数人对职业教育不理解不重视，多数家长认为送孩子到职业教育学校就读是老师帮助其管孩子，以免孩子过早走入社会、误入歧途而已，多数是无奈之选。社会对职业教育的认可度低，严重阻碍中职学校会计专业的健康发展。

第四节 经济欠发达地区中职会计专业发展前景

随着我国经济发展步伐的加快、改革开放的不断深化、会计制度的日益完善以及社会对会计人员的高度重视与严格的职业诉求，会计行业对人才的要求也越来越高。随着现代信息科学的兴起，电子技术广泛运用、新兴产业不断涌出，资本市场的高速发展及世界经济朝一体化方向迈进等，会计专业正在孕育着一场深刻的变革，发展前景值得探索。

一、中职会计专业毕业生去向有变化

据统计，我国现有1 200余所普通高等本科院校，将有50%要转型为应用技术、职业教育类型的高等院校，而这些应用技术、职业教育类型的高等院校转向职业教育，多数进行自主招生，这为中等职业学校学生提供了继续学习深造的良好机遇，也为中职会计专业的纵深发展提供了平台。中职会计专业学生毕业之后除了就业还可以升学，之前只能升专科，现在还可以升本科。中职学生也能像普高生那样参加对口升本科高考，进入高等院校深造，甚至通过考研、考博，成为

会计领域的领军人才。这些人才在加强会计理论研究、培养优秀会计人才、打造学术研究团队、占据国际学术前沿、提升会计学科地位等方面起着重要作用。这样，中职会计专业可以把学历提升这条道路越拓越宽。

二、中职会计专业就业岗位逐步拓宽

在我国，会计专业一直是热门专业，随着经济的发展，企业对会计人员的需求从2004年开始剧增，跟其他专业相比，就业形势一直较好。特别是随着经济的快速发展，中小企业显出了蓬勃的生机，经济欠发达地区对初级会计人才的需求量很大，给中职会计专业毕业生提供了较多的就业岗位。但是目前，中职会计专业学生的就业形势不容乐观。小微企业数量多，对会计岗位的需求只是"账房先生"，入职条件低，符合中职会计专业毕业生的水平，但是能够给中职会计专业毕业生提供就业的机会少。因为很多小微企业在创业初期，会计工作一般都是掌握在管理者的手里，也有部分企业会计工作掌握在有工作经验的代理记账会计手中。中职会计专业毕业生能够对口就业者不到20%，其余的多数成为超市的收银员、营业员，宾馆饭店的文员、服务员，房地产物业管理员、售房员，乘务员，企业的推销员等。总之，当前中职会计专业学生的就业方向主要面向小型企业、民企、私企，而且主要是为当地经济发展服务。

会计行业已经开始和其他的专业慢慢融合，从而产生了很多新职业，会计领域为从业者提供了不断变化并富有挑战性的工作，这也为以后会计人员的发展提供了更多的选择机会。毕业生首先应该从胜任初级会计工作开始，随着经验的积累而逐级提升。中职毕业的会计人除了做与财务相关的一些基本工作外，在自我提升后还可以从事法务会计、环境会计、娱乐会计、破产管理人、个人理财咨询、教师、公务员等。

三、中职会计专业会计技术有变化

会计专业是研究企业在一定的营业周期内如何确认收入和资产的

学问，是在研究财务活动和成本资料的收集、分类、综合、分析和解释的基础上形成协助决策的信息系统，以有效地管理经济的一门应用学科，可以说它是社会学科的组成部分，也是一门重要的管理学科。

新时代，会计的职业环境正在发生着深刻的变化。2017年，财务行业的大事件一波接着一波，有两条消息尤为重磅：一条是财会证书、会计证的取消以及初级职称的变革；一条是以机器人为代表的人工智能逐渐进入人们的视野，并且开始侵占财务人的岗位。以德勤、普华永道、安永、毕马威为代表的国际四大会计公司已经相继上市财务机器人以及财务机器人解决方案，一场对于传统财务行业的变革正在进行中，一个"机器人流程自动化"的时代正悄悄来临！在财务相关岗位，凭证录入、数据统计分析等简单的有规律可循的机械工作，未来被人工智能取代的可能性很大。会计专业技术要求会越来越高，财会人的价值越来越体现在做有创造性的工作上。

中职会计专业毕业生从事的是非常讲究实际经验和专业技巧的职业，入职门槛相对比较低，难就难在以后的发展。想要得到好的发展，就要注意在工作中积累经验，就要学会不断学习，不断提高专业素质和专业技巧，开阔自己的知识面。作为未来的财务人员，除了懂得实务操作，还要多学习一些企业财务战略布局方面的知识，懂的越多，会的越多，就能帮助企业完成更大的扩展，才不会被取代，更不会被淘汰。

第二章 经济欠发达地区中职会计专业建设实施

教育部制定了《中等职业学校专业目录》（教职成〔2000〕8号），并在目录中确定了83个专业为中等职业学校重点建设专业，会计专业是83个重点建设专业之一。教育部结合实施《面向21世纪教育振兴行动计划》提出的"面向21世纪职业教育课程改革和教材建设规划"，组织有关行业职业教育教学指导委员会和项目课题组，并在地方教育行政部门、教研机构和有关院校的大力配合下，开发了中等职业学校重点建设专业的教学指导方案，包括专业课程设置、部分主干专业课程教学基本要求以及专业设置标准（供参考）等，由各地教育部门组织中职学校实施。许多中等职业学校在实施会计专业建设中，不仅为地方经济培养了大批的会计人才，也积累了丰富的办学经验和教学资源，但是随着"互联网+"时代的到来，经济欠发达地区中职会计专业建设实施问题尤其突出。经济欠发达地区中职会计专业如何进行专业建设、完善教学体系、改善教学效果，使培养的学生能顺应时代的变迁，更快地融入企业，适应社会的发展趋势，是经济欠发达地区中职会计教育面临的现实问题。

第一节 政行企校合作

校企合作是职业教育与市场对接、与经济接轨的有效载体，是促进职业教育持续发展、提高人才培养质量的重要途径，校企合作模式及长效机制的建立，既是职业教育当前的重点工作，也是职业教育发展的难点问题。

经济欠发达地区区域经济发展落后，工业基础薄弱，大型企业数量少，对技能型人才的吸纳能力不强，对职业教育扶持的能力有限；另外由于经济欠发达地区信息闭塞，观念滞后，办学水平不高，开放办学的能力以及对校企合作的重要意义认识不足，校企合作仅停留在顶岗实习层面。校企合作方式多是把学生推往广东等经济发达地区的技术层次较低的企业顶岗实习，人才培养难以做到深层次与多样化，经济欠发达地区职业教育校企合作水平普遍不高。

经济欠发达地区经济基础薄弱，财政收入不高，政府部门未能在国家政策许可的范围内，根据地方的实际情况及时出台有利于职业教育发展的有关文件；学校也无法形成有效的政行企校合作运行机制，政府行业职能部门对"校企合作"的组织领导、统筹协调、监督保障等宏观调控力度不够。校企合作深度不够，更不用说政行企校四方联动，共拟人才培养方案，共同开展课程体系改革，共建教材、共享信息资源，共同进行师资队伍建设和特色实训基地建设，服务地方经济等。经济欠发达地区职业学校办学水平不高，人才培养质量相对发达地区有较大的差距，中职会计专业政行企校四方联动共同育人值得探讨。作为经济欠发达地区的中职学校，河池市职业教育中心学校在这方面有了一些突破。

一、成立会计专业建设指导委员会

河池市职业教育中心学校立足河池，面向区内外，创新体制机制，积极与行业企业合作，寻求与沿海发达省市合作，探索新的就业促进机制，推动当地技能人才外出就业。由东莞市经协办、河池市扶贫办主导，河池市职业教育中心学校与广东智通人才连锁股份有限公司成立"东莞河池市共建就业扶贫基地"。2011年12月16日上午，东莞市、河池市共建就业扶贫基地揭牌仪式暨河池市智通人力资源服务有限公司开业庆典在河池市职业教育中心学校举行。河池市市长何辛幸和东莞市副市长邓志广共同为该基地揭牌。东莞河池市共建就业扶贫基地确定在就业扶贫、毕业生就业、人才引进等方面进行合作，由东莞经协办统筹人才需求计划，河池智通不定期组织校园招聘会，向东莞输送技能人才。学校在智通人才东莞总部设立"学校就业服务站"，负责具体安置及跟踪服务。通过这样的校企共促就业机制，有力地推动了当地的就业、脱贫。

2012年，河池市校企合作理事会在河池市职业教育中心学校成立。为适应中等职业教育发展的需要，加强学校与社会、专业建设和产学研的紧密结合，建立学校与社会双向参与、双向服务、双向受益的机制，这样能更好地促进专业建设，保证学校教学改革的顺利进行。为体现和突出学校的办学特色，培养与社会发展和经济建设紧密结合的技能实用型人才，在河池市校企合作理事会的指导下，学校设立了专业建设指导委员会（校企合作委员会），作为国家重点示范校建设专业之一的中职会计专业，建设期间也成立了会计专业建设指导委员会。

会计专业建设指导委员会是协助学校确立会计专业的教学目标和人才培养方向，确定会计专业知识结构和能力结构，审定会计专业教学计划，搞好课程设置和课程建设，提高教研能力和教学水平的智囊机构和指导机构。会计专业建设指导委员会的宗旨：博采行业精英之专长，集中专家智慧和经验，为会计专业建设和专业发展出谋划策。会计专业建设指导委员会根据社会经济发展动向和行业对岗位人才的需求，确定相关专业的培养目标和知识结构；研究提出专业教学改革、师资队伍建设等专业建设方案，审议相应专业的改革、发展规划，指导重点、特色专业的创新工作。

会计专业建设指导委员会具体指导相关专业教学计划、教学大纲的制定和修订，指导教学计划的实施、专业实习的安排和毕业生顶岗实习的组织工作；指导实践性环节教学，指导校内实训室的建设，协助组建和管理校外实习基地；审议专业教材建设计划，指导、参与有中职特色教材的编写；开展毕业生跟踪调查，分析、评价毕业生质量；为专业教师开展社会服务提供条件，全面实现产教结合的深度融合；指导教学研究，提升教学质量；研究相关专业人才培养中出现的重大问题，及时探讨解决方案；研讨本专业在社会经济建设和地方经济建设中发展的新动向、新课题，使专业建设更加适应地方经济建设的需要。

二、成立职教集团

现代职业教育集团是跨地区、跨部门、跨所有制，以推进行业和相关产业快速发展为目标，以人才培养为核心，以集团成员单位共赢为目的的产学研联合体。集团广泛联合了本科、高职、中职各层次职业教育院校、培训机构、科研院所，联合了专业研发、专业制造、专业使用等相关行业企业，以及社会组织、社会团体，搭建了当地行业产学研结合、校企深度互融的平台。现代职业教育集团，主动举起行业企业、职业院校、科研院所跨区域多元主体联合的旗帜，为职业教育集团化办学创建了新的实现形式。经济欠发达地区职教集团可按照"政府牵头，市场导向，行业带动，市县互动，校企联姻"的理念，遵循集团成员资源共享、优势互补、互惠互利、共同发展的原则，共同实现育人、用人无缝对接以及校企合作的深层发展目标，形成环环紧扣、优势互补、合作共赢的格局。

以经济欠发达地区河池市为例，为深化校企合作办学，2016年6月20日下午，河池市职业教育集团成立。河池市职业教育集团是经市委、市政府同意，由广西现代职业技术学院牵头成立，主要通过集团化办学，进一步整合全市优质职教资源，搭建各方合作平台，扩大河池职业教育规模，提升河池职业教育质量，增强河池职业教育服务地方经济能力。建设河池市职业教育集团，以实施集团化办学为抓手，创新办学模式，搭建升学与就业、中高职衔接的人才培养"立交桥"，统筹城乡职业教育发展，以城带乡，城乡联动，促进校际合作、校企合作，实现职教集团成员间的互利共赢和资源共享，有效提升各职业院校的办学能力和招生吸引力，促进河池市职业教育集团化、一体化、规模化发展，更好地服务河池经济社会发展。

河池市职业教育集团认真贯彻落实中央、自治区和市委、市政府各项决策部署，坚持立足河池、服务广西、辐射西部、面向全国的区域定位，按照组团发展、集团办学、跨界合作、多元共建的发展模式，进一步加强校政、校企、校校合作，提升层次，丰富内涵，实现全方位、宽口径、深领域的合作。河池市政府主导，职教集团各院校紧紧围绕地方产业板块，进一步加强专业、课程、师资、实训基地建设，加快内涵建设步伐，加快凝练办学特色，实现差别竞争和错位发展，避免同质倾向；加强务实协作，提高运行效能。广西现代职业技术学院作为职教集团理事长单位，充分发挥协调、统筹和指导作用，增进成员单位之间的交流合作；各县（市、区）政府、各有关部门为教育集团发展提供大力支持和优质服务，努力走出一条经济欠发达地区职业教育改革发展之路，努力为打赢脱贫攻坚战，与全国全区同步全面建成小康社会做出新的更大贡献。

三、建成政行企校联动机制

中职学校的政行企校联动机制，就是政府、行业、企业、学校四方联动，在政府主导、协调下，建立职业学校与行业、企业一一对应的产学合作，突出职业教育的行业、产业、企业与职业要素，构建"政府主导、行业指导、企业参与、学校推进"的校企合作长效机制，为实施全面、持久、有深度的校企合作与人才培养奠定良好基础。

在校企合作中，各级政府要充分发挥主导作用，成立专门的组织机构——职教集团，职教集团下设专业建设指导委员会，对本地区的校企合作与人才培养进行统筹协调，依靠企业，充分发挥行业的作用，带动社会力量积极参与，以校企合作网络和区域共享实训基地为平台，全力推进校企合作与人才培养工作。

职教集团聚集知名企业家、技术专家和学者，从行业发展的高度为专业建设指导委员会提供决策依据，定期举办论坛、研讨会，为校企合作提供系统的指导意见。学校专业与企业行业代表成立的专业建设指导委员会根据区域经济发展需求和产业特色，在职教集团的指导下,学校、行业、企业共同参与建设区域共享的综合性公共实训基地,以及共建一批规模大、接纳能力强、技术水平突出、行业认可度高、中高等职业教育共享、与企业共赢的市级职业教育校内外实习实训基地,实现学员、行业、企业、地区的多方共赢。在学校职业教育办学过程中,加强职业院校职业教育与企业的对接合作,构建和谐的校企合作战略伙伴关系,加强以校企合作、工学结合为核心的教育教学改革,推行职业发展导向的人才培养模式改革,确保职业教育贴近市场、贴近社会需求、满足受教育者需要以及提高技能型人才培养质量。职业院校教育校企合作的制度化需要坚持不懈地推进、不断完善,才能走上持续健康的发展之路。

四、政行企校联动承办规模最大的比赛

以经济欠发达地区河池市职业教育中心学校为例,按照自治区教育厅《关于举办 2015 年广西职业院校技能大赛暨全国职业院校技能大赛广西选拔赛的通知》(桂教职成〔2015〕16 号)文件、《关于举办 2018 年广西职业院校技能大赛的通知》(桂教职成〔2018〕36 号)文件、《关于举办 2019 年广西职业院校技能大赛的通知》(桂教职成〔2019〕3 号)文件要求,受自治区教育厅委托,学校承办了 2015 年、2018 年、2019 年广西职业院校技能大赛中职组会计技能竞赛。赛前,自治区教育厅、河池市人民政府和市教育局等部门领导高度重视,关心比赛筹备工作,并到现场进行指导;大赛在大赛组委会的精心组织、周密部署和统一指挥下,在河池市委和河池市教育局领导下,河池会计行业学会指导、各企业积极参与,使学校高效、顺利完成各项赛事工作,圆满完成教育厅交给的承办大赛任务。

(一)学校方面高度重视

学校领导非常重视承办赛事的任务,认真解读大赛的通知文件,根据比赛项目要求,结合河池市职业教育中心学校实际情况,积极申报成为会计技能竞赛赛点。申报成功后,积极联系往年成功承办过比赛的学校及有多年承办经验的学校,学习和借鉴其成功经验。

为了确保自治区赛的公开、公平、公正，确保竞赛的顺利进行，学校严格按照自治区教育厅的要求，学校层面制定了承办2015年、2018年、2019年广西职业院校技能大赛中职组会计技能大赛工作方案，成立了12个工作组，进行统筹安排。在学校唐启焕副校长的亲自指导下，财经商务教学部对各项工作进行细化，制定了2015年、2018年、2019年广西职业院校技能大赛中职组会计技能大赛赛务工作安排表，进行周密部署，合理安排。学校发动全体师生为承办工作积极准备。在教育厅的有序指导下，顺利完成了"比赛实施方案""比赛规程"和"比赛指南"的编制。在大赛组委会的领导下，学校成立了由裁判组、竞赛组、赛务组和安全保卫组等10个小组组成的赛区组织委员会，制定竞赛赛场应急预案，成立应急救援小组，将竞赛各项工作任务分派到人、责任到人，全程为大赛提供优质服务。各项目工作组严格依据竞赛的工作制度及工作程序，认真做好竞赛的各项准备工作。赛前制定了赛事工作责任制，对相关人员进行了认真培训，对竞赛场地、所需设施器材进行了精心准备，参照国赛标准，采购了大量比赛用品，对赛场环境布置进行认真细致的检查，指定专人布置赛场，准备竞赛设施，保证竞赛活动万无一失地顺利进行。

热情细致做好竞赛服务。为方便各代表队到校参加比赛，以饱满的精神状态进行比赛，河池市职业教育中心学校专门成立师生服务队，师生服务队由12位老师及精心挑选的40名学生志愿者组成。师生服务队赛前通过手机短信联系各代表队，帮助他们预订酒店，告知比赛相关事项。比赛期间，负责引导帮助参赛学校住宿、就餐和参观赛场、引入赛场等工作；学校食堂精心准备了品种多样的优质饭菜供参赛选手、带队老师和工作人员食用，共计1 000余人在比赛期间就餐，无食品安全事故，确保了比赛的顺利进行。

（二）与企业合作举办参赛校指导教师培训班

2015年，按比赛要求，学校新购买了一批计算机、32箱点钞技能用的练功券、25台点钞机、150个万次章等，安装了3个配有

"畅捷通 T3——企业管理信息化软件（教育专版）"的电算化会计机房；赛前，学校计算机维护小组、企业软件技术员多次对机房进行调试，以保证比赛的顺利进行。为提高 2015 年全区中等职业学校会计技能竞赛水平，学校积极与北京畅捷通信息技术股份有限公司、厦门网中网软件有限公司、大连爱丁数码产品有限公司等企业联系，以最快的速度为广西中等职业学校会计技能项目竞赛指导教师举办会计技能竞赛指导教师培训班。聘请资深的行业专家或参与国家级竞赛的专家主讲，及时将竞赛内容、范围、操作技巧传达给各参赛校指导教师。

2018 年，按比赛要求，为做到公平公正，在教育厅 1 月 23 日公布由裁判长提交的比赛规程及实施方案后，学校克服已放假、临近春节等困难，主动联系裁判长及企业，按比赛规程要求商定使用的设备及软件公司，并以最快的速度上报教育厅。2 月 5 日，为 2018 年广西职业院校技能大赛中职组"会计技能""会计手工综合"赛项的参赛学校举办赛前说明会暨指导教师培训会，及时将竞赛内容、竞赛方式、竞赛流程、比赛评分细则等传达给各参赛校指导老师。

2019 年，按比赛要求，为做到公平公正，在教育厅 1 月 31 日公布由裁判长提交的比赛规程及实施方案后，相关老师都未能正常过春节、休周末，一直在为比赛做准备。我校克服未开学等困难于 2 月 24 日为 2019 年广西职业院校技能大赛中职组"会计技能""会计手工综合"赛项的参赛学校举办赛前说明会暨指导教师培训会，及时将竞赛内容、竞赛方式、竞赛流程、比赛评分细则等传达给各参赛校指导老师。

（三）政府监督确保赛事规范有序

2015 年的比赛：河池市委常委、宣传部部长、副市长黎丽，自治区教育厅大赛副总裁判长凌小冰，自治区财政厅培训处处长、会计比赛项目总裁判长胡志勇，河池市教育局主持全面工作的副局长文德生，河池市财政局副局长黄峻等领导在河池市职业教育中心学校韦伟松校长、唐启焕副校长、黄丹峻副校长的陪同下多次检查了河池市职业教育中心学校的赛前准备工作，督查了整个竞赛过程，对河池市职业教育中心学校竞赛的组织工作给予充分肯定。两个竞赛项目，从参赛校指导教师赛前培训、参赛队报到、裁判组工作会议、领队会、抽签、竞赛到成绩评定等，整个过程有序进行，参赛队没有任何意见。

2018年的比赛：河池市人民政府副市长李凤云、广西壮族自治区教育厅职成处主任廖造壮、河池市教育局局长张毅、广西现代职业技术学院党委书记兼河池市职业教育中心学校校长韦伟松、广西现代职业技术学院院长黄绍光、河池市职业教育中心学校党委书记黄丹峻等领导出席了开幕式，并亲临比赛现场指导、督查整个比赛过程。教育厅领导、市政府领导、市教育局领导对学校竞赛的组织工作给予了充分肯定。两个赛项，从参赛校指导教师赛前培训、参赛队报到、裁判组工作会议、领队会、抽签、竞赛到成绩评定等，整个过程有序进行，参赛队没有任何意见。

2019年的比赛：河池市教育局局长张毅、广西现代职业技术学院党委书记兼河池市职业教育中心学校校长韦伟松、广西现代职业技术学院院长黄绍光、河池市职业教育中心学校党委书记黄丹峻等领导出席了开幕式，并亲临比赛现场指导、督查整个比赛过程。教育厅领导、市政府领导、市教育局领导对学校竞赛的组织工作给予了充分肯定。两个赛项，从参赛校指导教师赛前培训、参赛队报到、裁判组工作会议、领队会、抽签、竞赛到成绩评定等，整个过程有序进行，参赛队没有任何意见。

（四）行业参与确保裁判评判公正

比赛的客观、公正，与裁判独立、无利益冲突有着直接的联系。会计技能竞赛2个技能项目共有4个子项目，4个子项目裁判组组长全部由会计技能总裁判长胡志勇负责聘请，各子项目裁判组组长在总裁判长的指导下，精心安排软件公司专业人员多次到现场维护软件，同时还聘请了45位市内企业、行业专家和教授担任各子项目裁判员。尽管各项目裁判员的专业水平非常高，但是为了确保裁判工作顺利进行，竞赛前学校专门组织了3次裁判员讨论会和培训会。除了点钞子项目，其余子项目中每个参赛选手的成绩全部由计算机自动判分，杜绝了裁判个人对竞赛评价的影响。专业化的裁判团队，确保了竞赛成绩的公信度。

（五）两次大赛都实现了历史上的突破

2015年的大赛在河池市职业教育中心学校设立"会计技能"和"会计手工综合"两个赛项，全区共有40所中职学校的246名选手参加，是中职会计专业比赛史上参赛学校、比赛人数、比赛裁判最多的一次。本次比赛中的"会计技能"是个人赛项，包括现金盘点、传票翻打、会计电算化3个模块；"会计手工综合"是团体赛项。

2018年的两个赛项中，"会计技能"赛项参赛代表队有42个，参赛学校48所，参赛选手167人；"会计手工综合"赛项参赛代表队有45个，参赛学校40所，参赛选手135人。参赛学校数量、参赛代表队数量、参赛选手数量又创造了历史新高。比赛秉承"公平、公正、公开"的原则，选手严格遵守比赛纪律，奋力拼搏，展现了良好的精神风貌和娴熟的职业技能。通过这次比赛，各参赛队均实现学习、借鉴、交流、共同进步的目标，参赛学校也通过比赛展示了教学成果和会计专业技能的风采。

2019年的两个赛项均改成团体赛项，其中"会计技能"包括现金盘点、传票翻打、职业素养、会计电算化4个模块；"会计手工综合"比赛内容也按新税法进行了更新。"会计技能"赛项参赛代表队有54个，参赛学校49所，参赛选手162人；"会计手工综合"赛项参赛代表队有57个，参赛学校48所，参赛选手171人。借助这个赛事，中职会计人彼此认识、彼此成就，友谊第一、比赛第二，参赛学校也通过比赛展示了教学成果和会计专业技能的风采。

按教育厅要求，报名结束后，河池市职业教育中心学校马上组织人员加班进行比赛场地的规划、设备耗材的采购等，满足了竞赛设施的高效低耗要求。为响应教育部关于印发全国职业院校技能大赛阳光廉洁办赛规定，勤俭廉洁办赛，协商由爱丁数码公司统一提供比赛用

7英寸①PAD技能平台及平板、传票机等200台；竞赛前要求企业提前两周到河池市职业教育中心学校比赛场地安装调试软件平台，并克服周末学校不上课、组织学生不便的困难，相关班级班主任带领200名学生协助企业进行多次软件抗压测试，多次组织相关人员进行计算机系统安装及维护，以保证比赛顺利进行。

五、政行企校联动辐射带动专业群建设

从专业到专业群的演进是现代学科发展的重要趋势，也为地方技能人才培养以及职业学校整合学科资源、优化学科布局、创新学科发展提供了一种新的视野和契机，为建设高水平技能型学校提供了战略性的突破口。以河池市职业教育中心学校会计专业为例，其作为国家示范重点建设专业，本着"虚拟、仿真、共享、开放"的理念整合、完善、优化校内实验教学中心和校外实习基地，实施学校与企业联动，学校与工业园区联动，学校与行业联动，学校与政府、企业联动。政府发挥统筹协调功能，结合产业结构调整，整合学校和企业的资源，集中资金投入实训基地的建设。开展产教融合、政校企深度合作，建设共享型的创新创业实训基地，为地方经济发展服务。会计专业建立起了集教学、培训、考证于一体的区内领先的综合性实训基地。校内实训基地面积1 210平方米，工位数600多个，成为银行、税务、人社等部门培训考试中心，为会计职称、职业资格考试培训等提供了良好的软件、硬件环境。

河池市职业教育中心学校会计专业传承"一枝独秀不是春，百花齐放春满园"的思想，在取得成绩的同时，积极主动服务地方经济。学校会计专业充分发挥示范校建设成果的辐射作用，积极开展社会培训、职业技能鉴定、技术服务等，主动服务社会和带动辐射兄弟学校及商务专业发展；整合学校内优质的教育教学资源，从而实现更多的学生共享教学资源，突出核心专业的示范与辐射效应；将教学资源进行开放，满足学生自主学习需要，为创新创业能力培养构建终身学习

---

① 1英寸=2.54厘米。

体系，搭建公共平台。结对帮扶都安县、宜州市两所县级中职学校，帮助学校教师提升技能和相关专业发展；通过会计实训基地，为财政、银行、税务、人社、安监、教育等部门积极开展专业知识更新培训；2015年首次成功举办全区中职会计技能竞赛——广西职业院校技能大赛，学校会计专业学生囊括7个一等奖，掀起学校市场营销、物流、电子商务专业师生学习技能的热潮，教与学呈现"比、学、赶、帮、超"新局面。学校财经商务类专业师生正以饱满的热情、熟练的专业技能服务河池地方经济，为河池的经济发展服务。

第二节 构建人才培养和课程体系改革新模式

人才是强国之本，经济发达地区的人才培养和学校的软、硬件建设取得了显著成效，但是经济欠发达地区中职学校的人才培养和软、硬件建设及课程体系改革等普遍滞后。构建合理、先进、适应当代科学技术发展和社会需求的人才培养模式是决定人才培养质量的关键因素。要提高人才培养质量必须将人才培养模式的改革与创新作为重点。经济欠发达地区中职学校要提高人才培养质量自然要构建人才培养和课程体系改革新模式，如何深化课程体系改革，创新人才培养模式，提高人才培养质量，以适应经济快速发展的需要，是经济全球化的发展趋势。现以河池市职业教育中心学校会计专业在示范专业建设中取得的一些成效为例。

一、政行企校共同构建工学结合的专业人才培养方案

经济欠发达地区中职学校针对职业教育发展普遍遇到的"人才培养目标不明确，与区域经济发展需求不一致，课程体系与企业脱节，缺乏双师型师资队伍，城乡教育资源不平衡"等问题，通过政府主导、行业指导、企业参与、政行企校联动，共同构建工学结合的技能型人才培养体系非常必要。河池市职业教育中心学校通过政行企校联动共同建立人才培养目标，构建课程体系，建设高素质的师资队伍，制定考核标准，构建工学结合的会计专业人才培养方案。

会计专业人才培养方案

一、专业名称、招生对象与学制

（一）专业名称（专业代码）：会计（120100）

（二）招生对象：初中毕业生或具有同等学力者

（三）基本学制：三年制

二、培养目标

本专业培养社会主义市场经济建设需要的德、智、体诸方面全面发展，掌握会计专业所对应的职业岗位群所必需的基本理论和专业知识，具有熟练的实际操作技能和良好的职业道德，在小微型企业或其他经济组织从事收银、出纳、会计核算等工作，具有创新精神和实践能力的生产服务一线的技术技能型人才。

三、职业范围

（一）职业岗位群

本专业毕业生主要面向基层小微型企业和其他经济组织，从事收银、出纳、会计核算等相关工作。其对应的专业岗位群如表2-1所示。

表2-1 会计专业岗位群一览表

岗位（工种）类型	序号	岗位（工种）名称
关键（典型）岗位	01-01	收银员
	01-02	出纳员
	01-03	会计员（会计核算员）
拓展岗位	02-01	计算机操作员
	02-02	公司行政文员
	02-03	银行柜员
	02-04	银行业务员
	02-05	保险业务员
	02-06	营业员
	02-07	营销员
	02-08	库管员

（二）职业发展方向

本专业学生毕业有直接就业和升学深造两个方向，即可以在生产制造、商品流通、餐旅服务等小微型企业，从事收银、出纳、会计核算等岗位的相关工作，经过一定时间工作后参加国家统一专业技术资格考试，获取初级会计师、会计师等专业技术资格；也可以通过相应招生考试或中职直通本科的"直通车"工程进入高等院校继续学习深造，深造对应的高职专业为会计、会计电算化、财务管理、审计等；对应本科专业为会计、财务管理、审计等。

四、人才培养规格

（一）基本素质及职业素养

1. 具有严格执行财经法律法规的意识，诚实守信、公私分明的职业道德；

2. 具有高度的工作责任心和认真仔细的工作态度，主动、热情、耐心的服务意识；

3. 具有良好的人际交往能力和团队合作精神；

4. 具有不断学习新知识、接受新事物的进取精神，具有解决实际工作基本问题的分析判断能力。

（二）专业知识

1. 熟悉会计法、会计工作基础规范、现金管理条例、支付结算制度等财经法规的有关规定，掌握企业会计岗位核算的基本知识和流程；

2. 熟悉税法的相关规定，掌握办理企业涉税业务的基本知识和流程，了解税收征管法中有关税务登记、年检、变更、注销、外出经营的税务登记内容；

3. 掌握办理工商登记和社会保险的基本知识和流程；

4. 掌握常用会计文书的撰写格式，掌握文件立卷归档的基本要求，熟悉商务沟通中的基本礼仪。

（三）专业技能

1. 能准确、快速手工点钞，会辨别伪、假钞，能快速翻打传票；
2. 能快速进行中、英文及数字输入（包括台式计算器、小键盘），能快速准确地进行珠算加减乘除运算；
3. 会填制和审核原始凭证及记账凭证，登记各类账簿，编制基本的会计报表；
4. 能分析会计核算基本的财务指标，能进行基本的财务分析；
5. 能熟练操作财务软件进行会计核算；
6. 能规范装订会计凭证及会计资料保管的操作；
7. 会操作网上申报纳税的软件，能进行语音及前台纳税申报；
8. 能熟练使用各项办公设备及软件；
9. 会撰写常用会计文书，会规范装订各类文件、档案。

五、人才培养模式构建

（一）职业能力结构

详细内容如表2-2所示。

表2-2 会计专业职业能力一览表

职业能力类型	职业能力
方法、思维能力	政治理论素质
	思想品德素质
	外语应用能力
	语言表达能力及应用文写作能力
	营销能力
	身心素质
专业能力	中、英文录入能力
	办公自动化软件操作和设备维护能力
	手工点钞、人民币防伪鉴别、珠算的加减乘除运算、传票翻打能力
	填制和审核原始凭证及记账凭证，登记各类账簿，编制基本会计报表能力
	熟练操作财务软件进行会计核算能力
	熟悉财经法规，进行网上纳税申报能力

续表

职业能力类型	职业能力
社会能力	职业行为能力
	心理承受能力
	生存发展能力
	团队合作能力

（二）职业能力分解

1. 方法、思维能力

详细内容如表2-3所示。

表2-3 方法、思维能力一览表

能力	最终绩效目标	知识分解	课程	培养途径
政治理论	具有从事会计专业所具备的政治理论素质	政治、哲学	经济政治社会哲学与人生	课堂教学 参观讨论
思想品德	具备应用型的高素质劳动者和技能型人才的思想品德	道德修养知识 法律知识	职业道德与法律 职业生涯规划	课堂讨论训练 日常行为养成
外语应用	熟悉会计应用英语情景对话；掌握常用会计英语	日常英语会话	英语	课堂训练 情景对话
语言表达及应用文写作	良好的语言表达能力、文字记录能力与应用文写作能力	语言表达知识与技巧，礼貌服务用语、应用文写作一般知识	语文	课堂训练 模拟对话 实用练习
营销	掌握营销的基本理论和方法，学会与客户进行沟通，掌握产品的销售技巧	了解营销，树立正确的营销观念，掌握和运用推销程序	市场营销基础	课堂训练 模拟练习

续表

能力	最终绩效目标	知识分解	课程	培养途径
身心素质	具备从事会计行业工作的健康体格、心理，规范得体的行为举止	体育知识 健康知识 礼仪知识	军训 体育与健康 心理健康教育 商务礼仪	课堂训练 专题讲座

2. 专业能力

详细内容如表2-4所示。

表2-4 专业能力一览表

能力	最终绩效目标	知识分解	课程	培养途径
中、英文录入	熟练掌握中文、英文和数字的录入方法，具备一定的录入能力	中文录入 英文录入 数字录入	计算机应用基础	实训练习 技能比赛 岗位实习
办公自动化软件操作和设备维护	熟练掌握Windows操作系统的基本操作，熟练使用办公自动化软件和常用工具软件，了解常用办公设备的操作，具备办公自动化人员的一般技能	计算机基础知识、Windows基本操作、Word排版、Excel电子表格、PowerPoint投影、常用工具软件使用	办公自动化	实训练习 技能比赛 岗位实习
计算能力	熟练掌握珠算及计算器的加减乘除运算	珠算加法、珠算减法、珠算乘法、珠算除法、计算器的运用	珠算	实训练习 技能比赛 岗位实习
点验钞能力、传票翻打能力	熟练掌握手工及机器点验钞、掌握收银机操作、掌握传票翻打技能	手工点验钞、机器点验钞、收银机操作、传票翻打	收银实务	实训练习 技能比赛 岗位实习

续表

能力	最终绩效目标	知识分解	课程	培养途径
出纳	熟练掌握收款、付款、出纳基本事务，票据管理业务的处理程序	收款 付款 出纳基本事务 票据管理	出纳岗位实务	模拟实操 技能比赛 顶岗实习
会计核算能力	熟练掌握财产物资、成本费用、财务成果、总账核算及报表编制	财产物资核算、成本费用核算、财务成果核算、总账核算及报表编制	基础会计 小企业会计实务 会计分岗位核算实训	模拟实操 技能比赛 顶岗实习
会计电算化操作能力	熟练掌握建立账套、基础设置、日常账务处理、期末账务处理、会计报表的编制等全过程的操作技能	设置会计电算化核算体系 会计核算基础信息 总账辅助信息设置 录入期初余额 日常业务处理 生成报表	初级会计电算化 财务软件应用	实训练习 技能比赛 岗位实习
熟悉财经法规和职业道德、纳税申报操作能力	熟练掌握会计机构和会计人员法律规定、会计核算的法律规定、支付结算的法律规定、税款征收管理的法律规定、会计职业道德	会计机构和会计人员法律规定 会计核算的法律规定 支付结算的法律规定 税款征收管理的法律规定 会计职业道德	财经法规与会计职业道德 税收基础	实训练习 技能比赛 岗位实习

续表

能力	最终绩效目标	知识分解	课程	培养途径
会计综合操作能力	熟练掌握会计操作的全部基本技能：从建账、填制和审核原始凭证、记账凭证到登记账簿；从日常会计核算、成本计算到编制会计报告、年终结账、会计档案管理	对会计核算的各步骤进行系统操作实验，包括账簿建立和月初余额的填制；原始凭证和记账凭证的审核和填制；各种账簿的登记、对账、结账；会计报表编制等	会计综合实训；会计虚拟实习	模拟实操技能比赛岗位实习

3. 社会能力

详细内容如表2-5所示。

表2-5 社会能力一览表

能力	最终绩效目标	知识分解	课程	培养途径
职业行为	保证职业技能充分运用的品质和意识，获取新知识和创造就业岗位的能力	职业道德知识 语言能力 创新知识	职业道德与法律 职业生涯规划	课堂教学 岗位实习
心理承受	正确评价自我、适应环境、承受困难和挫折的能力	心理学知识 职业道德知识 思想品质	职业生涯规划 心理健康教育 企业培训	课堂教学 知识讲座 岗位实习
生存发展	正确认识事物、正确决断、分析问题和解决问题的能力	人生观、世界观	哲学与人生 社会实践 毕业教育	课堂教学 知识讲座 岗位实习

续表

能力	最终绩效目标	知识分解	课程	培养途径
团队合作	团队精神的塑造、团队合作能力的培养、团队的整合优化以及适应、融合意识	公共关系知识 心理学知识 职业道德	综合素质教育 社会实践 企业培训	课堂教学 知识讲座 岗位实习

（三）典型岗位职业能力分析

详细内容如表2-6所示。

表2-6 典型岗位职业能力一览表

就业岗位	主要工作内容	职业素质与能力要求
收银岗位	（1）点钞； （2）验钞； （3）收银前台操作； （4）收银后台操作	（1）熟悉本岗位的工作流程，做到规范运作； （2）熟练掌握操作技能，确保结账、收款的及时、准确、无误； （3）做好开业前的各项准备工作，确保收银工作的顺利进行； （4）结账收款时，对所收现金要坚持唱收唱付，及时验钞，减少风险； （5）管好备用金，确保备用金的金额准确、存放安全； （6）管好自己的上机密码，不得与他人共用，不得向外人泄露； （7）管好用好发票，做到先结账，后开票，开票金额与所收现金及机打票金额必须相符；对退票、废票要及时更正； （8）向财务交款前，需将现金、信用卡分类汇总，与机打票核对相符，发现问题及时查找，避免损失

续表

就业岗位	主要工作内容	职业素质与能力要求
出纳岗位	（1）库存现金收付； （2）银行结算； （3）库存现金和银行存款日记账登记； （4）库存现金、银行存款核对； （5）出纳财物保管	（1）能熟练办理现金收支结算业务、银行转账结算业务； （2）能识别现金和各种银行结算票据的真伪； （3）能按照规定保管现金和各种结算票据； （4）能按照规定登记现金、银行存款日记账； （5）能按照规定清查现金和银行存款； （6）能正确处理在货币资金结算过程中出现的差错； （7）具备良好的沟通和口头表达能力，能正确处理好与单位内部、外部相关办理业务人员的关系； （8）具备良好的职业道德
会计岗位	（1）会计账务处理程序认知、生产岗位认知、生产流程认知、生产工艺认知； （2）资产核算、负债核算、所有者权益核算、收入核算、成本费用核算、利润核算；税款计算与申报、财政规费计算与申报；	（1）能正确理解会计账务处理程序； （2）能正确认知生产流程、生产规程、产品生产工艺； （3）能参与企业会计制度等规章制度制定的讨论； （4）能明辨各种经济业务原始单据的正确性、完整性、合理性和合法性及反映经济业务的内容、性质和类型； （5）能按照会计规范正确计量各种经济业务； （6）能按照会计准则确认企业发生的各种经济业务； （7）能顺利地办理企业税务登记、发票申购等涉税业务；

续表

就业岗位	主要工作内容	职业素质与能力要求
会计岗位	（3）成本计算对象确定、成本项目确定、成本计算方法选择、要素费用的归集与分配、成本分析； （4）会计报表编报、会计报表附注披露、其他相关信息披露	（8）能按照国家税收法规及其他相关政策正确计算应缴纳的各种税费； （9）能熟练运用税收网络申报系统向主管税务机关申报应缴纳的各种税费； （10）能正确编制会计报表和披露相关报表附注信息并及时按照规定采用书面和网络系统向相关信息使用者报送财务报告； （11）能熟练操作会计软件，实现企业财会业务一体化； （12）能结合各种产品、劳务和企业经营管理的特点和要求，采用灵活合理的方法正确计算产品和劳务的成本； （13）能正确编制成本报表； （14）具备良好的沟通和口头（文字）表达能力

（四）构建"分阶段职业岗位递进式"人才培养模式

会计专业与企业深度合作，以会计职业岗位能力为主线，根据会计职业能力成长规律，结合专业人才培养的目标和规格，构建并实施以岗位职业能力为核心的、适应会计基层服务岗位和会计初级岗位需要的、分阶段进行专业技能培养的"分阶段职业岗位递进式"工学结合人才培养模式，如图2-1所示。

该培养模式下，会计专业人才分四个阶段、按三个典型工作岗位逐级递进培养：

第一阶段（第一学期）为基本技能培养阶段，进行会计基础技能训练，完成收银员岗位职业能力培养。

第二阶段（第二学期）为出纳专项技能培养阶段，利用校内实训基地进行出纳岗位技能训练，完成出纳员岗位职业能力的培养。

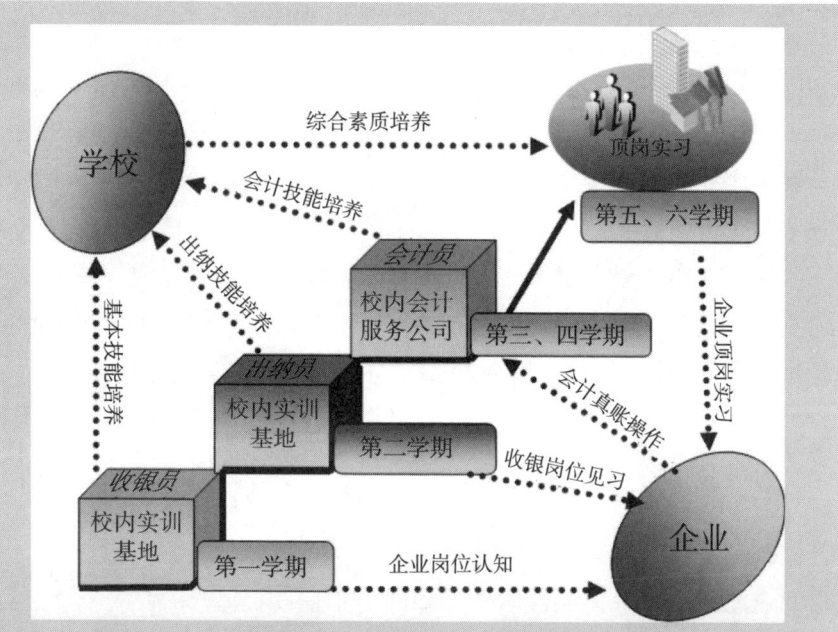

图 2-1 "分阶段职业岗位递进式"工学结合人才培养模式

第三阶段（第三、四学期）为会计技能培养阶段，利用校内实训基地，进行会计手工和会计电算化的专项和综合实训，强化会计职业资格能力内容的培训，实现课程内容与证书内容的衔接。同时，利用校内生产性实训基地——会计服务公司，组织学生轮流顶岗实习，实现与实际工作岗位的零距离对接，完成会计员岗位职业能力的培养。

第四阶段（第五、六学期）为会计综合素质培养阶段，即让学生选择适合自己发展的岗位实习或选择自主创业，完成专业岗位综合能力培养。

每一个培养阶段，学校整合教学优质资源，校企合作实施相应岗位职业能力模块的课程教学，包括岗位职业技能教学和会计职业素质培养，确保阶段培养目标的完成。整个培养过程，学生的职业能力从收银员到出纳员再到会计员岗位逐级递进，最终实现会计专业人才培养的目标。

六、课程体系

(一) 课程体系结构

围绕"分阶段职业岗位递进式"工学结合人才培养模式,遵循会计岗位职业能力成长规律,会计专业在经过调研、论证的基础上,将收银员、出纳员、会计员等三个典型职业岗位的职业活动过程分解为若干典型工作任务;根据典型工作任务的特点,以职业岗位能力分析为基础,整合教学内容,分收银员、出纳员、会计员三个岗位模块设置相应课程(如图2-2所示);每个岗位模块课程下设若干个项目,每个项目再细分为若干具体任务,根据具体工作任务内容,结合专业人才培养对方法思维、社会能力等其他岗位职业能力的要求,按"基础学习、专业学习、素质拓展"等三大领域设置相应课程,校企合作共同制订所有课程标准,设计教学情境,组织教学实施,形成基于岗位职业能力的模块化课程体系(如图2-3所示)。

(二) 课程设置

本专业课程按"基础学习领域、专业学习领域、素质拓展领域"等三大领域设置,每个领域按模块设置相应课程。其中,基础学习领域课程包括思想政治素质模块和文化基础模块,主要有综合素质教育、职业生涯规划等思想政治教育课程,以及语文、商务礼仪等文化素质课程;专业学习领域课程按专业岗位设置课程模块,包括收银员、出纳员、会计员等课程模块,主要是专业核心课、综合实训课、顶岗实习等课程;素质拓展领域课程包括专业限选模块和专业任选课程,包含办公自动化、市场营销等会计拓展岗位所需技能课程和其他课程,是拓展学生专业技能,提升综合素质,实现学生多渠道就业以及可持续发展的重要课程。

三大课程领域中,基础学习领域以思想教育、文化基础知识为重心,着重巩固学生扎实的文化基础知识,培养学生良好的职业道德品质,为专业学习和素质拓展积蓄潜能。专业学习领域以能力为本位,着重培养学生的职业能力,使学生在职业认知实训、校内仿真实训和校外顶岗实习的渐进过程中逐渐熟悉职业岗位工作过程,熟练掌握职

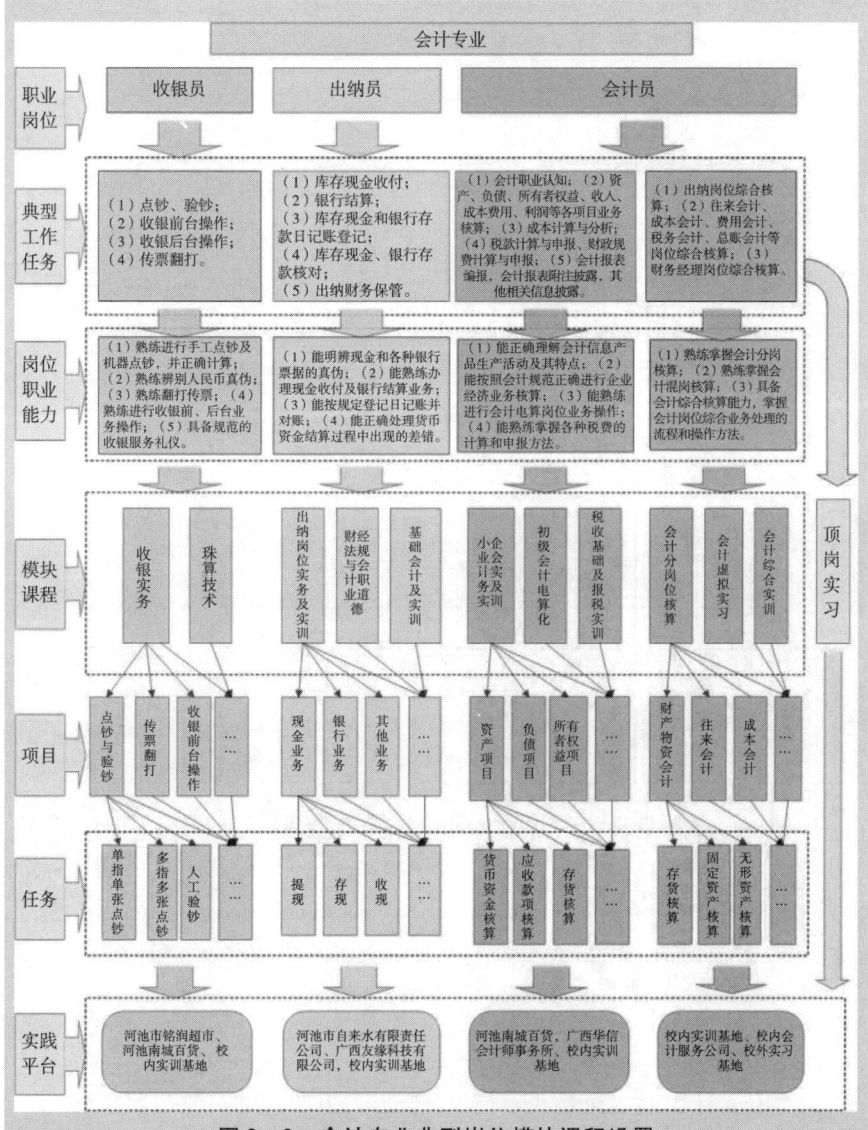

图 2-2　会计专业典型岗位模块课程设置

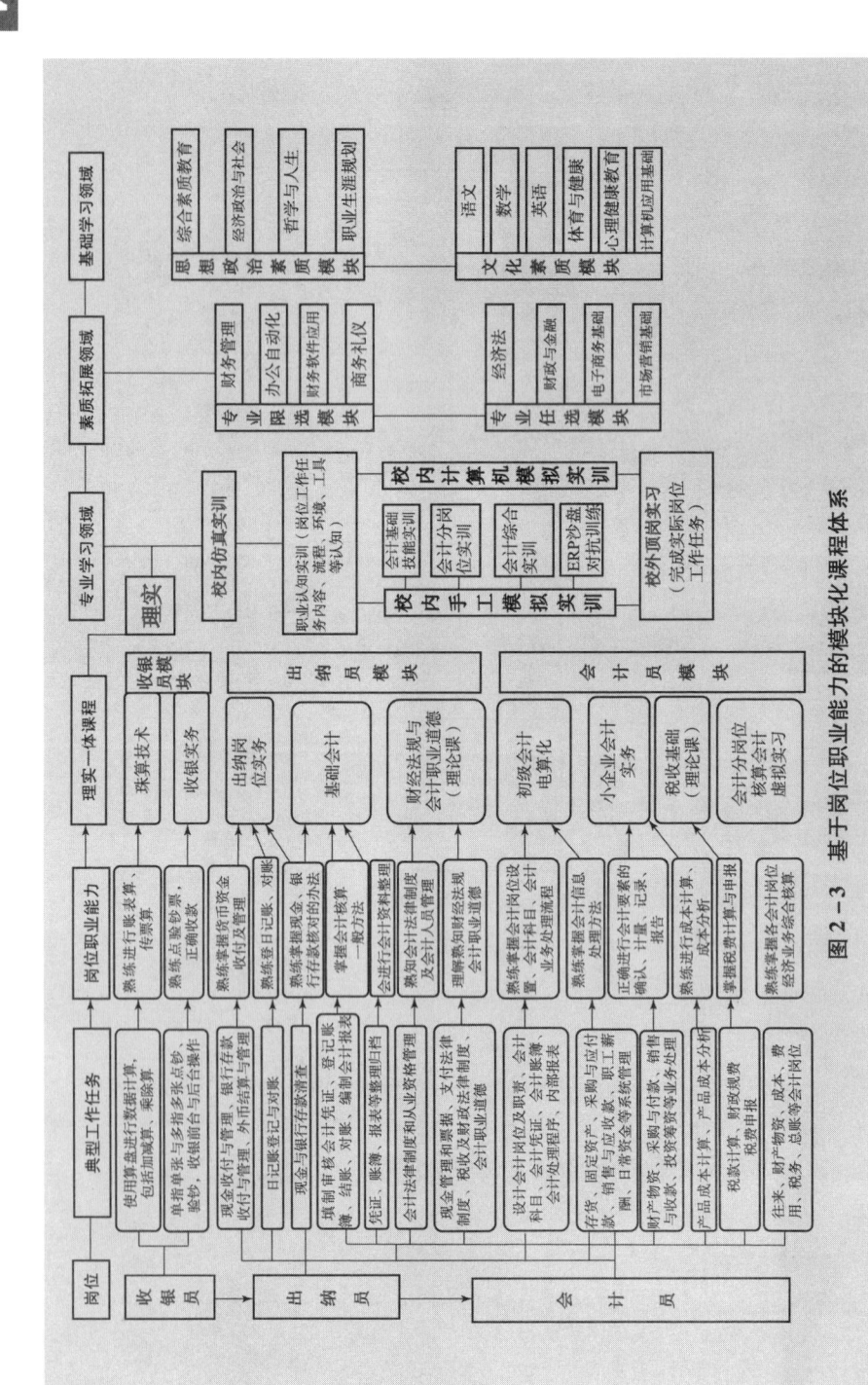

图 2-3 基于岗位职业能力的模块化课程体系

业技能，由初学者成长为合格的职业者。该领域课程即专业核心课程，除"财经法规与会计职业道德""税收基础"为理论课程外，其他均为理实一体课程，要求按照各岗位典型工作任务归纳成为若干行动领域，按照教学规律及教学组织的要求，以行动领域的工作任务为出发点设计若干"学习情境"，按照"学习情境"的工作过程步骤细化知识与技能，实现基于"学习情境"的理实一体教学；校内仿真实训课程以校内实训基地为平台，进行会计单项和综合实训；顶岗实习以校内会计服务公司和校外实习基地为平台，进行轮岗或混岗实践。素质拓展领域以持续发展为目标，旨在夯实基础，开阔视野，拓展学生专业技能，提高学生的管理能力、交流沟通能力和就业、创业能力，实现学生的可持续发展。

本专业基础学习领域模块课程共10门594学时；专业学习领域模块课程共10门1 012学时；素质拓展领域模块课程共8门356学时。顶岗实习共两学期1 000学时。具体教学环节时间分配及课程设置安排如表2-7、表2-8所示。

1. 教学活动环节时间分配表

表2-7 教学活动环节时间分配表（按周分配）　　　学时

学期	一	二	三	四	五	六	小计
入学教育	1						1
课堂教育	16	17	17	15			65
复习考试	2	2	2	2	2	2	12
课程实训	1	1	1	1			4
岗位实训		1	1				2
教学综合实训				2			2
顶岗生产实习					17	18	35
毕业教育						1	1
机动					1	1	2
合计	20	21	21	20	20	22	124

2. 课程设置与教学进程安排表

表 2-8　会计专业课程设置与教学进程安排表

学习领域	课程模块	课程名称	课程类型	课时	各学期周数、学时分配					
					1	2	3	4	5	6
					17周	18周	17周	18周	17周	18周
基础学习领域	思想政治素质模块	综合素质教育	A	34	2					
		经济政治与社会	A	36		2				
		哲学与人生	A	34			2			
		职业生涯规划	A	36				2		
		小计		140	2	2	2	2		
	文化素质模块	语文	A	68			4			
		数学	A	72		4				
		英语	A	72				4		
		体育与健康	B	140	2	2	2	2		
		计算机应用基础	B	68	4					
		心理健康教育	A	34	2					
		小计		454	8	6	6	6		
专业学习领域	收银员技能模块	珠算	B	68	4					
		收银实务（含实训）	B	102	6					
		小计		170	10					
	出纳员技能模块	基础会计（含实训）	B	136	8					
		财经法规与会计职业道德	A	72		4				
		出纳岗位实务（含实训）	B	108		6				
		小计		316	8	10				

续表

学习领域	课程模块	课程名称	课程类型	课时	各学期周数、学时分配					
					1 17周	2 18周	3 17周	4 18周	5 17周	6 18周
专业学习领域	会计员技能模块	小企业会计实务（含实训）	B	170			10			
		税收基础（含实训）	A	72				4		
		初级会计电算化	B	108		6				
		会计分岗位实训	C	68			4			
		会计虚拟实习	C	108				6		
		小计		526		6	14	10		
素质拓展领域	专业限选模块	财务管理	B	36				2		
		财务软件应用	B	68				4		
		办公自动化	B	72		4				
		商务礼仪	A	36				2		
		小计		212		4		8		
	专业任选模块	电子商务基础	B	72			4			
		经济法	A	72			4			
		财政与金融	B	72				4		
		市场营销基础	A	72				4		
		小计（任选两门）		144			4	4		
		入学教育及军训	B	60						
		顶岗生产实习	C	1 000					17周	18周
		毕业教育	A	28						1周
		小计		1 088						
		合计		3 050	28	28	30	30		

注：课程类型 A 为理论课程，B 为理实一体化课程，C 为实践课程

七、专业课程教学内容与要求

(一) 专业学习领域课程 (如表 2-9 所示)

表 2-9 专业学习领域课程一览表

课程模块	课程序号	课程名称	主要教学内容	教学要求	学时数
收银员模块	1	收银实务	项目一：点钞与验钞 (1) 单指单张点钞； (2) 多指多张点钞； (3) 人工验钞； (4) 机器验钞	(1) 能熟练掌握单指单张和多指多张点钞方法； (2) 会人工辨别各种面额人民币的真伪；会用验钞机进行人民币真伪辨别； (3) 会整理钞票	102
			项目二：传票翻打 (1) 数字键击打手法； (2) 爱丁数码9位传票翻打	(1) 能用计算机小键盘进行数据录入和计算； (2) 能熟练用传票机进行传票翻打	
			项目三：收银前台操作管理 (1) 收银前台工作程序； (2) 收银机的使用常识； (3) 商品结算	能熟练掌握收银前台操作技巧	
			项目四：收银员礼仪规范 (1) 收银员仪容仪表； (2) 收银员语言服务规范； (3) 收银员举止行为； (4) 标准化接待服务规范	掌握收银员基本的仪容仪表、服务语言、举止礼仪及接待服务规范	

续表

课程模块	课程序号	课程名称	主要教学内容	教学要求	学时数
收银员模块	2	珠算	项目一：珠算基础知识 （1）了解算盘； （2）拨珠姿势与指法； （3）数字的书写方法	（1）掌握正确的拨珠姿势与指法，能正确地握笔、看数、定位与清盘； （2）能正确地书写阿拉伯数字、中文大写数码字，并正确地订正错字	68
			项目二：珠算基本加减法 （1）传统的珠算加法； （2）无口诀加法； （3）加法传统练习法； （4）传统的珠算减法； （5）无口诀减法； （6）隔档借位的减法； （7）倒减法； （8）加减法运算技巧及加减法巩固训练	（1）能熟练掌握加减法口诀并用口诀指导拨珠运算； （2）能熟练掌握无口诀加减法的运算方法	
			项目三：珠算基本乘法 （1）乘法运算口诀； （2）积数的定位法； （3）空盘前乘法的运算方法； （4）珠算一位数乘法； （5）珠算多位数乘法； （6）省乘法	（1）能够掌握乘法口诀并正确使用； （2）能够懂得空盘前乘法的运算方法及步骤并能正确运用	
			项目四：珠算基本除法 （1）商的定位法； （2）珠算一位数除法； （3）珠算多位数除法； （4）珠算除法的补商与退商； （5）省除法	能运用算盘进行除法运算	
			项目五：加减乘除技能训练	通过强化训练达到全国珠算定级5级加减乘除算的考核要求	

续表

课程模块	课程序号	课程名称	主要教学内容	教学要求	学时数
出纳员模块	3	基础会计	项目一：基础会计概述 （1）理解会计的含义； （2）明了会计目标和对象； （3）了解会计的方法和工作组织	（1）掌握会计的目标和对象； （2）熟悉会计工作的方法和应有的工作组织	136
			项目二：会计要素与会计等式 （1）会计要素； （2）会计等式	（1）掌握六大会计要素的概念、特征及关系； （2）掌握会计等式的不同表现； （3）掌握资产与权益增减变化的四种类型及九种状况	
			项目三：账户与复式记账 （1）借贷记账法； （2）总分类账户和明细分类账户	（1）了解常用会计科目及账户的设置； （2）掌握借贷记账法的记账规则、会计分录、试算平衡； （3）掌握总分类账户和明细分类账户的平行登记与核对	
			项目四：借贷记账法在工业企业的运用 （1）资金进入企业的核算； （2）供应过程的核算； （3）生产过程； （4）销售过程； （5）其他主要经济业务的核算； （6）利润的形成和利润分配核算； （7）资金退出企业的核算	掌握资金进入企业，供应、生产、销售及其他主要经济业务、利润形成和利润分配、资金退出企业等经济业务的账务处理	

续表

课程模块	课程序号	课程名称	主要教学内容	教学要求	学时数
出纳员模块	3	基础会计	项目五：会计凭证 （1）会计凭证概述； （2）原始凭证； （3）记账凭证； （4）会计凭证的传递和保管	（1）了解原始凭证应具备的基本要素，掌握原始凭证填制和审核的方法； （2）了解记账凭证的种类和基本要素，掌握其填制和审核的方法	136
			项目六：登记账簿 （1）账簿概述； （2）账簿的设置和登记； （3）记账规则和错账更正； （4）对账和结账	（1）熟悉账簿的种类、格式、设置和登记方法； （2）运用记账规则和错账更正方法登记相关账簿； （3）学会账证、账账、账实核对与结账	
			项目七：财产清查 （1）财产清查概述； （2）财产物资的盘存制度； （3）财产清查的方法； （4）财产清查结果的账务处理	（1）了解造成账实不符的原因； （2）掌握实物资产、货币资金清查核对方法及账务处理； （3）掌握往来款项清查的方法及账务处理	
			项目八：财务会计报告 （1）财务会计报告概述； （2）资产负债表； （3）利润表	（1）了解财务会计报告的意义、种类、编制要求； （2）掌握资产负债表的结构、编制方法； （3）掌握利润表的结构、编制方法	
			项目九：会计处理程序 （1）会计处理程序概述； （2）记账凭证会计处理程序； （3）科目汇总表会计处理程序	（1）了解会计实务中使用较为普遍的各会计处理程序； （2）重点掌握记账凭证会计处理程序科目汇总表	

续表

课程模块	课程序号	课程名称	主要教学内容	教学要求	学时数
出纳员模块	3	基础会计	项目十：会计假设和会计信息质量要求 （1）会计假设； （2）会计信息的质量要求	（1）掌握为何要进行会计假设； （2）会计主体、持续经营、会计分期、货币计量的作用； （3）了解会计信息的质量要求	136
出纳员模块	4	出纳岗位实务	项目一：初识出纳 （1）出纳是做什么的； （2）出纳基础技能； （3）新任出纳前期工作	（1）掌握出纳工作岗位职责及出纳基础技能； （2）熟知并养成良好的职业道德素养	108
			项目二：现金收支业务 （1）从银行提取现金； （2）收取现金现款； （3）将现金送存银行； （4）差旅费预借与报销； （5）支付现金款项； （6）现金日清	（1）会采用现金支票从银行提取现金； （2）会收取现金并开具收款收据； （3）会填写现金缴款单并将现金送存银行； （4）会填写借款单，掌握借款还款的办理程序； （5）会填写报销单，掌握差旅费预借与报销业务的处理； （6）会设置和登记现金日记账； （7）会盘点库存现金，并编制库存现金盘点表	
			项目三：银行业务 （1）开立银行账户； （2）转账支票结算； （3）银行本票结算； （4）银行汇票结算； （5）银行承兑汇票结算； （6）银行承兑汇票背书与贴现； （7）汇兑结算； （8）委托收款结算； （9）银行存款日记账的核对	（1）会模拟开立银行账户； （2）会使用各种结算票据进行银行结算，会使用汇兑和委托收款方式进行款项结算； （3）会设置和登记银行存款日记账； （4）会编制银行存款余额调节表	

续表

课程模块	课程序号	课程名称	主要教学内容	教学要求	学时数
出纳员模块	4	出纳岗位实务	项目四：其他业务 （1）发放工资； （2）日记账的对账与结账； （3）编制资金报告表； （4）出纳工作交接	（1）能分别以现金和银行存款发放职工工资； （2）会编制工资表及发放工资； （3）掌握日记账对账和结账的方法； （4）掌握出纳工作交接的操作内容及办法	108
			项目五：出纳岗位业务手工综合实操 （1）月初，设置现金日记账和银行存款日记账； （2）平时，按出纳业务发生时间的先后顺序，按各业务处理流程或步骤依次进行处理，并登记现金和银行存款日记账及各种备查账； （3）月末，根据库存现金清查盘点资料，编制库存现金盘点表，根据现金清查处理结果，登记现金日记账； （4）月末，将现金总账、日记账进行核对并结账； （5）月末，将银行存款日记账与银行对账单核对，编制银行存款余额调节表； （6）月末，将银行存款总账与日记账核对并结账； （7）月末，根据本月各项业务处理结果，编制资金报告表	学生能以手工操作方式，完成一个真实企业出纳岗位一个月的完整业务的处理；通过该项目学习，学生能熟练掌握出纳各种业务的综合处理方法，把握出纳业务整体和全局处理的意识和技巧	

续表

课程模块	课程序号	课程名称	主要教学内容	教学要求	学时数
出纳员模块	5	财经法规与会计职业道德	项目一：会计法律制度 （1）会计法律制度的构成； （2）会计工作管理制度； （3）会计核算和会计监督； （4）会计机构和会计人员； （5）会计法律责任	通过学习和训练，熟悉会计法律制度对会计工作和会计人员的要求，熟悉会计核算和会计监督的基本规定，了解会计相关法律责任的规定	72
			项目二：支付结算法律制度 （1）支付结算概述； （2）现金管理； （3）银行结算账户； （4）票据结算方式和非票据结算方式	熟悉现金管理、支付结算以及银行结算账户的基本规定，能够运用支付结算法律制度的相关规定进行现实案例分析	
			项目三：税收征管法律制度 （1）税收法律； （2）税务登记； （3）主要税种； （4）税收征管	熟悉税收征收管理法的基本规定，会计算主要税种的应纳税额，掌握税额核定征收的计算方法	
			项目四：财政法规制度 （1）预算法律制度； （2）政府采购法律制度； （3）国库集中收付制度	掌握预算法律制度、政府采购法律制度、国库集中收付制度的要求	
			项目五：会计职业道德 （1）会计职业道德概述； （2）会计职业道德规范的主要内容； （3）会计职业道德教育与修养； （4）会计职业道德建设	掌握会计职业道德行为规范的主要内容和基本要求，熟悉会计职业道德教育和修养的内容和途径，了解会计职业道德建设主要内容，具备良好的会计职业道德	

续表

课程模块	课程序号	课程名称	主要教学内容	教学要求	学时数
出纳员模块	5	财经法规与会计职业道德	项目六：综合考核 会计案例分析	能利用《财经法规与会计职业道德》的相关知识分析会计案例，提高自己的会计综合能力	72
会计员模块	6	初级会计电算化	项目一：系统初始化 （1）建立账套； （2）设置记账本位币； （3）设置会计期间； （4）设置操作员及权限； （5）设置辅助核算项目； （6）外币币种及汇率； （7）设置凭证类别； （8）设置会计科目； （9）录入科目期初余额	（1）懂得账套管理的内容，能够熟练地完成账套的建立、备份、删除、恢复等操作任务； （2）能利用基础设置完成增加操作员并为操作员授权，设置会计期间，新增辅助核算项目、币别、凭证类别等任务； （3）能利用基础设置对会计科目进行增加、修改、删除等操作，熟练完成科目初始数据录入任务	108
			项目二：日常账务处理 （1）录入记账凭证； （2）记账凭证查询； （3）设置会计期间，修改记账凭证； （4）凭证审核； （5）设置会计科目出纳复核； （6）凭证汇总； （7）凭证记账； （8）账簿查询	（1）能在账务处理模块完成对记账凭证的录入与修改操作； （2）能对已录入的记账凭证进行查询、修改、出纳签字、审核、过账等操作； （3）能根据会计规范查询凭证错误，并利用错账更正方法更正凭证错误； （4）能正确设置与输出各类会计账簿	
			项目三：结账 （1）期末结转损益； （2）结账及反结账	（1）能够掌握自动生成结转本期损益凭证的操作方法； （2）能够懂得结账和反结账方法	

续表

课程模块	课程序号	课程名称	主要教学内容	教学要求	学时数
会计员模块	6	初级会计电算化	项目四：编制报表 （1）模板生成资产负债表； （2）模板生成利润表； （3）自定义编制利润表； （4）自定义报表公式的编制	（1）能够利用报表管理功能建立资产负债表，设置取数公式与审核公式，输出当月报表数据； （2）能够利用相应功能建立利润表，设置利润指标取数公式，生成输出利润表	108
			项目五：固定资产管理 （1）录入固定资产卡片基本信息； （2）录入固定资产卡片使用部门等其他信息； （3）录入固定资产卡片原值及折旧； （4）固定资产变动情况处理	（1）能够正确设置固定资产类别与卡片项目； （2）能按核算要求设置与录入固定资产初始卡片； （3）能够依照折旧规范设置并处理固定资产折旧，生成与传递折旧凭证； （4）能够对固定资产变动数据进行相应的操作处理	
			项目六：应收应付账款核算模块基本操作 （1）初始设置操作； （2）日常使用操作	（1）能掌握增加客户、供应商及初始数据传递的操作方法； （2）掌握日常应收应付账款核算的操作方法	
			项目七：工资管理 （1）初始设置操作； （2）日常使用操作	（1）能够正确设置工资项目，并正确设置工资项目计算公式； （2）能够对本月工资进行录入、编辑、汇总等操作； （3）能够进行工资的扣零、扣税设置，并处理扣零、扣税业务； （4）能正确设置、生成与传递工资结转凭证	

续表

课程模块	课程序号	课程名称	主要教学内容	教学要求	学时数
会计员模块	6	初级会计电算化	项目八：会计电算化概述 （1）会计电算化的概念及其特征； （2）会计软件的配备方式及其功能模块	（1）能讲述 XBRL 的发展历程、作用和优势； （2）能认识 ERP 及 ERP 系统与会计信息系统的关系； （3）熟悉会计软件的配备方式和功能模块	108
			项目九：会计软件的运行环境 （1）会计软件的硬件环境； （2）会计软件的软件环境； （3）会计软件的网络环境； （4）会计软件的安全	（1）了解会计软件的运行环境（硬件环境、软件环境、网络环境）； （2）懂得计算机病毒的特点、分类、防范措施、检测与清除手段，计算机黑客常用手段及其防范措施； （3）掌握安全使用会计软件的基本要求	
			项目十：电子表格软件在会计中的应用 （1）电子表格软件概述； （2）数据的输入与编辑； （3）公式与函数的应用； （4）数据清单及其管理分析	（1）了解常用电子表格软件的种类、主要功能； （2）熟悉 Excel 软件的用户界面、启动与退出 Excel 软件、文件管理等常用方法和 Excel 图表的插入方法； （3）掌握数据输入与编辑的常用方法，Excel 的公式及其运用，Excel 常用函数的使用，数据清单的设计要求，记录单的使用方法，Excel 数据排序、筛选与分类汇总的方法和数据透视表创建与设置的方法	

续表

课程模块	课程序号	课程名称	主要教学内容	教学要求	学时数
会计员模块	7	小企业会计实务	项目一：小企业会计实务基础 （1）会计基础知识； （2）会计实务技能； （3）会计核算程序	（1）熟悉会计要素的定义及确认条件； （2）掌握会计要素计量属性及其应用原则	170
			项目二：小企业资产业务核算 （1）货币资金核算； （2）应收及预付款项核算； （3）存货核算； （4）固定资产核算； （5）无形资产及其他资产核算； （6）对外投资核算	（1）基本会办理各资产核算岗位工作； （2）能按照规范流程和方法进行货币资金、存货、应收账款、预付账款、其他应收款、固定资产等相关资产业务的账务处理	
			项目三：小企业负债业务核算 （1）流动负债核算； （2）非流动负债核算	能进行短期借款、应付账款、预收账款、应交税费、应付职工薪酬、其他应付款等相关负债的增减核算	
			项目四：小企业所有者权益核算 （1）实收资本核算； （2）资本公积核算； （3）留存收益核算	（1）了解企业注入资金、验资、增资等引起工商登记相关业务的办理； （2）基本会办理所有者权益会计核算岗位的各项工作； （3）能按照规范流程和方法进行投入资本、资本公积及留存收益等所有业务的账务处理	
			项目五：小企业收入业务核算 （1）销售商品收入核算； （2）劳务收入的核算	（1）基本会办理收入、费用等会计核算岗位的各项工作； （2）能准确判断企业收入、费用的性质、类别和主次	

续表

课程模块	课程序号	课程名称	主要教学内容	教学要求	学时数
会计员模块	7	小企业会计实务	项目六：小企业费用成本业务核算 （1）营业成本的核算； （2）期间费用的核算； （3）生产费用的核算； （4）生产费用在完工产品和在产品之间的分配	（1）能办理费用会计核算岗位的各项工作； （2）能准确判断企业费用的性质和类别； （3）会按照规范流程和方法根据业务资料完成费用业务的账务处理	170
			项目七：小企业利润业务核算 （1）利润形成的核算； （2）利润结转的核算	（1）能正确计算企业当期实现的利润或发生的亏损； （2）期末结转损益账户类，计算企业当期实现的利润或发生的亏损，并填制结转当年利润的记账凭证	
			项目八：小企业财务报告 （1）资产负债表编制； （2）利润表编制； （3）所有者权益变动表； （4）现金流量表编制； （5）会计报表附注	（1）基本会办理总账报表会计核算岗位的各项工作； （2）会编制资产负债表、利润表等基本财务报表； （3）能解读资产负债表等基本财务报表所蕴含的财务和经营信息	
会计员模块	8	税收基础	项目一：税收概论 （1）什么是税收； （2）税收的本质； （3）税收的特征； （4）税收的发展	要求学生了解税收产生的条件和发展，明确税收的本质，掌握税收的概念和特征	72

续表

课程模块	课程序号	课程名称	主要教学内容	教学要求	学时数
会计员模块	8	税收基础	项目二：税收制度 （1）税收制度概述； （2）税制构成要素； （3）税收制度的分类	熟悉税收的分类，掌握税收制度的构成要素及概念和特征，纳税人、征税对象、税率等基本要素的含义，弄清全额累进税率与超累进税率的区别	72
			项目三：我国现行税制 （1）我国现行税制体系； （2）我国税制改革回顾； （3）未来我国税收发展方向	了解我国税制的沿革，弄清我国现行的税制体系，了解未来我国税收发展方向	
			项目四：流转税制 （1）流转税的特点及税种； （2）增值税； （3）消费税； （4）关税	要求学生掌握增值税、消费税、营业税的概念和基本要素，熟练计算增值税、消费税，掌握增值税纳税申报表的填制方法	
			项目五：所得税制 （1）所得税的特点； （2）企业所得税； （3）个人所得税	要求学生掌握企业所得税、个人所得税的概念和基本要素，熟练计算企业所得税、个人所得税税额，掌握企业所得税、个人所得税纳税申报表的填制方法	
			项目六：税收征收管理 （1）税收征收管理概述； （2）我国现行税收征管制度； （3）税收征管模式	要求学生掌握税收征管的模式	
			项目七：税款计算与缴纳实训 （1）增值税； （2）企业所得税； （3）个人所得税	要求学生掌握增值税、企业所得税、个人所得税的计算，掌握税收的纳税申报与缴纳	

续表

课程模块	课程序号	课程名称	主要教学内容	教学要求	学时数
会计员模块	9	会计分岗位核算实训	项目一：往来会计岗位 （1）认识往来会计岗位职责、实务操作及常用单证； （2）资产类项目——应收账款（票据）处理； （3）负债类项目——应付账款（票据）处理； （4）期末往来款项核对； （5）往来会计岗位综合实训	掌握往来会计业务处理，胜任往来会计岗位工作	68
			项目二：存货会计岗位 （1）认识存货会计岗位职责、实务操作及常用单证； （2）存货的日常核算； （3）存货的清查及期末计量； （4）营业成本核算； （5）存货会计岗位综合实训	掌握存货会计业务处理，胜任存货会计岗位工作	
			项目三：固定资产会计岗位 （1）认识固定资产会计岗位职责、实务操作及常用单证； （2）固定资产增加的核算； （3）固定资产减少的核算； （4）固定资产折旧、清查、期末计价的核算； （5）无形资产的核算； （6）固定资产会计岗位综合实训	掌握固定资产会计业务处理，胜任固定资产会计岗位工作	

续表

课程模块	课程序号	课程名称	主要教学内容	教学要求	学时数
会计员模块	9	会计分岗位核算实训	项目四：投资核算会计岗位 （1）认识投资核算会计岗位职责、实务操作及常用单证； （2）金融资产的核算及账务处理； （3）长期股权投资的核算及账务处理； （4）投资核算会计岗位综合实训	掌握投资核算会计业务处理，胜任投资核算会计岗位工作	68
			项目五：薪酬会计岗位 （1）薪酬会计岗位职责介绍、实务操作及常用单证； （2）工资、奖金、津贴的核算及账务处理； （3）职工薪酬其他项目核算； （4）薪酬会计岗位综合实训	掌握薪酬会计业务处理，胜任薪酬会计岗位工作	
			项目六：资本资金会计岗位 （1）认识资本资金会计岗位职责、实务操作及常用单证； （2）债务资本筹资； （3）权益资本筹资； （4）其他资本资金事项； （5）资本资金会计岗位综合实训	掌握资本资金会计业务处理，胜任资本资金会计岗位工作	

续表

课程模块	课程序号	课程名称	主要教学内容	教学要求	学时数
会计员模块	9	会计分岗位核算实训	项目七：费用会计岗位 （1）认识费用会计岗位职责、实务操作及常用单证； （2）管理费用的核算及账务处理； （3）财务费用的核算及账务处理； （4）销售费用的核算及账务处理； （5）税金及附加及账务处理； （6）费用岗位综合实训	掌握费用会计业务处理，胜任费用会计岗位工作	68
			项目八：总账会计岗位 （1）期末账务处理； （2）稽核业务； （3）报表业务	掌握总账会计业务处理，胜任总账会计岗位工作	
会计员模块	10	会计虚拟实习	项目一：企业设立流程实习 （1）企业名称核准； （2）验资； （3）办理营业执照及刻制公章； （4）申请和领取各种证件； （5）开立基本账户	掌握企业设立相关业务处理的完整操作流程，包括企业名称核准、验资、办理营业执照及刻制公章、申请和领取各种证件、开立基本账户等	108

续表

课程模块	课程序号	课程名称	主要教学内容	教学要求	学时数
会计员模块	10	会计虚拟实习	项目二：出纳岗位实习 （1）现金收付； （2）现金日清月结； （3）银行存款收付； （4）银行存款余额调节表	掌握货币资金收付相关业务办理操作手续，会登记现金日记账、银行存款日记账、银行结算票据登记簿及有价证券进出登记簿，并能进行期末对账与结账；学会保管库存现金、有价证券、财务印章；学会编制各种纳税申报表和养老保险申报表	108
			项目三：财产物资会计岗位实习 （1）采购核算； （2）固定资产核算； （3）无形资产和其他货币资金核算； （4）库存商品核算和损益结转； （5）月末、年末处理	能完成财产物资会计岗位工作，正确核算存货、固定资产和无形资产	
			项目四：往来会计岗位实习 （1）应收账款的处理； （2）应收票据的处理； （3）应付账款的处理； （4）应付票据的处理； （5）期末往来款项核对； （6）坏账准备的处理	能掌握往来会计业务处理，胜任往来会计岗位工作	
			项目五：成本核算会计岗位实习 （1）计算产品生产成本； （2）生产费用的分配核算； （3）产品成本的核算； （4）登记账簿	掌握成本计算的基本方法及生产费用的分配，会登记相关成本账户的总账和明细账	

续表

课程模块	课程序号	课程名称	主要教学内容	教学要求	学时数
会计员模块	10	会计虚拟实习	项目六：费用核算会计岗位实习 （1）销售费用； （2）管理费用； （3）财务费用； （4）其他费用； （5）应付职工薪酬； （6）费用的月末处理； （7）费用类账户结账	掌握费用会计业务处理，能胜任费用会计岗位工作	108
			项目七：税务会计岗位实习 （1）发票管理——领购发票； （2）发票管理——开具发票； （3）发票管理——作废发票； （4）发票管理——申请丢失发票已报税证明； （5）发票管理——集中前台认证； （6）网上申报； （7）缴纳税费； （8）结转未缴增值税； （9）摊销和计提税费； （10）结账	能进行各项税款计算和纳税申报，领购和开具发票	
			项目八：总账会计岗位实习 （1）账务处理； （2）审核凭证； （3）登记账簿； （4）编科目汇总表； （5）试算平衡； （6）编制会计报表	会审核凭证并进行日常账簿登记，会编制科目汇总表、资产负债表和利润表等会计报表	

续表

课程模块	课程序号	课程名称	主要教学内容	教学要求	学时数
会计员模块	10	会计虚拟实习	项目九：财务经理岗位实习 （1）建立内部控制制度； （2）建立各项财务工作体系； （3）报表分析	了解本公司架构、流程、制度和财务部其他岗位的具体工作，能进行运营能力、偿债能力、盈利能力分析，能进行现金预算；能对财务报表进行运营能力、偿债能力、盈利能力分析；能进行现金预算	108

（二）素质拓展领域课程（如表 2-10 所示）

表 2-10　素质拓展领域课程一览表

课程模块	课程序号	课程名称	主要教学内容	教学要求	学时数
专业限选模块	1	办公自动化	项目一：办公中的文档处理及应用 （1）制作公文； （2）制作刊物目录； （3）制作调研报告	熟悉文字处理软件的基本知识，熟练掌握至少一种汉字（键盘）输入方法；熟练掌握文字处理软件的基本操作和综合应用，能利用 Word 2003 对文字、表格、图形艺术字等多种对象进行综合编排，以及对复杂结构的长文档进行排版	72
			项目二：办公中的表格制作及应用 （1）制作"求职个人简历表"； （2）处理考试课程成绩表	熟悉电子表格软件基本知识，熟练掌握电子表格的基本操作和综合应用，能利用 Excel 2003 进行复杂的数据分析和处理	
			项目三：办公数据的处理 （1）制作公司工资表； （2）制作一个"房屋贷款计算器"	熟练使用 Excel 数据库对数据清单进行查询、排序、筛选和分类汇总等操作，从而实现对工作表中的数据进行高效加工和分析利用	

续表

课程模块	课程序号	课程名称	主要教学内容	教学要求	学时数
专业限选模块	1	办公自动化	项目四：办公中的演示文稿制作及应用 （1）创建公司演示文稿； （2）制作产品宣传广告	熟悉演示文稿软件的基本知识，熟练掌握电子演示文稿的基本操作和综合应用，能利用 PowerPoint 2003 制作精美的演示文稿	72
专业限选模块	2	财务软件应用	项目一：会计信息系统结构简述 （1）总体结构； （2）实施过程	清楚会计信息系统的三大组成系统及数据联系；认识会计信息系统实施过程	68
			项目二：账务处理系统初始化 （1）系统管理； （2）内部机构及往来单位设置； （3）会计科目及总账处理系统期初余额设置； （4）购销存基础设置	学会启动系统管理、根据资料或实际数据设置操作员、建立账套和设置操作员权限，会备份账套以及启用账套，会进行基础设置	
			项目三：账务处理 （1）凭证填制； （2）凭证审核与记账； （3）账簿查询； （4）期末处理	学会填制凭证、审核凭证和取消审核、记账和反记账；可以查询总账、明细账、辅助明细账；可以进行简单收支结转	
			项目四：报表处理 （1）日常报表的查询； （2）使用报表模板； （3）新建报表	熟练查询日常报表、使用已有模板生成报表、了解公式设置	
			项目五：采购管理 （1）初始设置； （2）日常采购业务	学会初始设置、日常采购业务处理	

续表

课程模块	课程序号	课程名称	主要教学内容	教学要求	学时数
专业限选模块	2	财务软件应用	项目六：销售管理 （1）初始设置； （2）日常销售业务； （3）查询销售账表	学会初始设置、日常销售业务处理	68
			项目七：库存管理 （1）初始设置； （2）入库业务； （3）出库业务； （4）月末查询与结账	能够审核采购入库单、销售出库单；填制和审核材料出库单、产品入库单、其他出入单据	
专业限选模块	3	财务管理	项目一：财务管理基础 （1）财务管理的概念及目标； （2）复利现值与复利终值； （3）年金现值与年金终值	（1）掌握复利终值与复利现值的互算； （2）掌握年金终值与年金现值的互算； （3）掌握四种年金的计算方法	36
			项目二：筹资管理 （1）财务预测； （2）资金筹集管理； （3）资金成本与资金结构	（1）掌握个别资金成本与加权资金成本的计算方法； （2）掌握经营杠杆、财务杠杆与复合杠杆的公式及相互关系； （3）掌握每股收益无差别点分析法	
			项目三：营运资金管理 （1）现金管理； （2）应收账款管理； （3）存货管理	（1）掌握最佳现金持有量的计算； （2）掌握应收账款信用成本和信用条件； （3）掌握最佳经济订货批量	

续表

课程模块	课程序号	课程名称	主要教学内容	教学要求	学时数
专业限选模块	3	财务管理	项目四：财务分析 （1）财务分析方法； （2）财务指标分析	（1）掌握比较分析法、比率分析法、趋势分析法的概念和形式； （2）掌握偿债能力分析、营运能力分析、盈利能力分析	36
专业限选模块	4	商务礼仪	项目一：概述 （1）语言在人际交往中的地位与作用； （2）语言的本质； （3）礼仪在人际交往中的作用	正确掌握和运用商务语言	36
			项目二：语言艺术及其表现 （1）语言艺术； （2）语言艺术的表现； （3）语言艺术表达风格	（1）掌握拜访、接待的规范用语、应注意的行为礼仪； （2）懂得说话要把握好分寸，避开交谈中的危险雷区	
			项目三：社交语言应用 （1）社交语言的培养和训练； （2）提高语言表达能力应具备的素质； （3）社交语言的应用	（1）掌握使用社交语言的技巧，会正确地使用社交语言； （2）了解具备语言表达能力应有的素质，提高自身的社交能力	
			项目四：服务用语应用 （1）服务用语的基本特点； （2）正确使用服务用语； （3）销售活动的规范用语	掌握销售活动中的规范用语，以及应对拒绝的销售表达技巧	

续表

课程模块	课程序号	课程名称	主要教学内容	教学要求	学时数
专业限选模块	4	商务礼仪	项目五：服务礼仪的意义与内容 （1）服务礼仪的形式； （2）实施服务礼仪的原则； （3）销售服务工作中常见的礼仪	（1）正确使用规范称谓，会使用规范语接打电话、递交名片； （2）正确掌握规范的握手礼仪和介绍的礼仪	36
			项目六：销售服务工作中的仪表修饰 （1）仪表； （2）体现在行为举止上的礼节； （3）体态语的艺术	了解仪表修饰的内容，掌握行为举止的礼节和着装的基本要领，提高审美和修饰自己的能力	
			项目七：涉外商务礼仪 （1）三资企业的奠基、开业典礼和剪彩； （2）我国主要客源国礼节习俗； （3）主要外国货币简介； （4）酒店接待礼仪； （5）国花、国树与花语	熟悉开业典礼的程序、掌握酒店接待礼仪、掌握商务送花礼仪、掌握送礼礼仪	
专业任选模块	5	电子商务基础	项目一：体验电子商务 （1）B2C 电子商务； （2）C2C 电子商务； （3）B2B 电子商务	（1）B2C 电子商务（前台、后台管理）； （2）C2C 电子商务； （3）B2B 电子商务（前台、后台管理）； （4）在当当网进行网上购物； （5）在淘宝网站注册会员、进行实名认证、申请支付宝、支付宝认证、参与商品拍卖和竞拍、支付宝付款、收货、评价	72

续表

课程模块	课程序号	课程名称	主要教学内容	教学要求	学时数
专业任选模块	5	电子商务基础	项目二：电子商务物流 （1）物流的相关概念； （2）第三方物流； （3）供应链、供应链管理的概念； （4）模拟物流软件操作	（1）物流、物流管理、供应链和供应链管理概念的理解； （2）说明电子商务与物流之间的关系； （3）描述第三方物流的概念、服务内容及其对企业的影响； （4）说明电子商务与供应链管理之间的关系； （5）分析物流网站的特点与布局； （6）了解物流管理全过程	72
			项目三：电子商务安全 （1）电子商务信息安全； （2）对称加密技术和非对称加密技术； （3）杀毒软件和防火墙的使用； （4）CA认证	（1）CA数字证书的申请、获取、安装、查询、吊销； （2）杀毒软件和防火墙的安装、使用、升级； （3）防火墙的基本安全策略、分类	
			项目四：电子交易 （1）EDI； （2）电子合同； （3）电子支付	（1）掌握网上银行申请的方法、网上支付的流程，能进行网上支付的操作； （2）网上询价、网上报价；电子合同的洽谈、签订	

续表

课程模块	课程序号	课程名称	主要教学内容	教学要求	学时数
专业任选模块	5	电子商务基础	项目五：电子商务网站建设与维护 （1）计算机网络基本概念； （2）域名主机； （3）网店搭建与管理； （4）基本网页制作； （5）商品图片处理； （6）电子商务网站	（1）域名的注册与解析，虚拟主机的购买与使用； （2）利用模板建立网上商店，并进行商品管理和分类管理，以及商品推荐、网店维护； （3）使用DreamWeaver制作基本的网页	72
专业任选模块	6	市场营销基础	项目一：市场营销基础概述 （1）掌握并理解市场营销的研究对象及其内容； （2）了解市场营销观念的演变，理解营销观念的新发展	（1）正确认识市场营销观念，能够灵活运用营销观念分析、评价企业的现状； （2）具备基本职业道德，树立营销职业意识；掌握沟通技巧，训练沟通技能；培养团队合作精神；提高营销口才	72
			项目二：市场营销环境分析 （1）分析市场营销宏观环境； （2）分析市场营销微观环境	（1）掌握宏观环境指标体系及在市场分析中的运用； （2）掌握微观环境指标体系及在市场分析中的运用； （3）掌握环境分析方法，提高分析市场营销环境和捕捉市场营销机会的能力	
			项目三：市场分析 （1）掌握市场的概念及其特点，了解市场的分类； （2）了解消费市场； （3）理解生产资料市场	通过学习市场分析的有关原理及方法，学会正确地分析市场，帮助企业进行市场营销决策，做到有的放矢	

续表

课程模块	课程序号	课程名称	主要教学内容	教学要求	学时数
专业任选模块	6	市场营销基础	项目四：购买者购买行为分析 （1）掌握消费者市场与消费者行为模式； （2）理解消费者心理和购买行为的因素	（1）掌握影响市场购买行为的主要因素； （2）掌握市场购买决策过程中各环节的特点； （3）学会正确分析消费者市场，并能根据消费者的购买行为，为企业策划有针对性的促销手段，引导消费者选购	72
			项目五：市场细分与目标市场 （1）了解市场细分； （2）选择目标市场； （3）掌握市场定位	通过学习市场细分及目标市场选择的有关原理和方法，能为企业进行准确的市场定位及目标市场选择，将市场机会变成有利可图的企业机会	
			项目六：产品策略 （1）掌握产品组合策略； （2）理解产品的生命周期及其营销策略； （3）掌握新产品开发与推广策略； （4）理解品牌与商标策略	（1）在了解产品整体概念的基础上，能够熟练运用产品组合策略，进行市场营销活动； （2）能够运用产品生命周期理论，正确判断产品的各个生命周期阶段，并学会制定相应的营销策略； （3）掌握新产品的开发程序，能够运用相关的营销理论，为新产品开拓市场； （4）理解品牌与商标的关系，能运用品牌和商标策略，进行整体的品牌营销策划	

续表

课程模块	课程序号	课程名称	主要教学内容	教学要求	学时数
专业任选模块	6	市场营销基础	项目七：价格策略 （1）了解定价原理； （2）掌握定价方法； （3）掌握定价策略	（1）掌握影响定价的主要因素； （2）能根据实际情况选用合适的定价方法； （3）能根据市场定位及营销目标的调整合理运用价格策略； （4）通过学习价格策略，能客观地分析影响企业的定价因素，并能为企业产品进行合理的定价	72
			项目八：分销渠道策略 （1）分销渠道的概述； （2）掌握分销渠道的选择与管理	（1）了解分销渠道的概念、职能与类型； （2）熟悉分销渠道中间商的经营目标及运营特点； （3）了解掌控分销渠道的基本方法及其影响因素； （4）通过对分销渠道的学习，能为不同性质的企业进行分销渠道的设计与管理，为企业进行正确的分销决策，提高产品的市场占有率	

续表

课程模块	课程序号	课程名称	主要教学内容	教学要求	学时数
专业任选模块	6	市场营销基础	项目九：促销策略 （1）理解促销与促销组合； （2）了解广告与公关的关系； （3）掌握人员推销的基本方法； （4）了解销售促进	（1）能够有目的地选择促销组合； （2）熟悉各种促销方式的特点； （3）了解公共关系的概念、特征、原则、步骤与公共关系活动的主要方式； （4）通过对本章的学习，能为不同性质的企业进行简单的促销策划，并能恰当地运用广告、公关、人员推销的方法促进企业产品的销售	72
			项目十：电子商务与网络营销 （1）掌握电子商务的基本知识； （2）掌握网络营销基本知识	通过本章的学习，能正确选择网络营销手段和宣传企业的产品及形象，并能选择恰当的网络营销组合策略，为企业的整体营销服务	

（三）校内仿真实训课程（如表 2-11 所示）

表 2-11 校内仿真实训课程一览表

实践层次	实训课程序号	实训课程名称	主要教学内容	教学要求	学时数
会计基本技能实训	1	收银技能实训	单指单张及多指多张点钞实训，收银前台操作实训、收银后台系统管理操作实训，传票翻打训练	与"收银实务"课程同步安排，要求能熟练掌握单指单张和多指多张点钞方法；会人工和机器验钞，熟练掌握传票翻打及收银前后台操作技能	36

续表

实践层次	实训课程序号	实训课程名称	主要教学内容	教学要求	学时数
会计基本技能实训	2	基础会计实训	"网中网"会计表单帮助系统实训：超过400张各类会计单证格式及填制说明实训；每张单证的字段介绍和正确案例说明及演示实训；各类单据填写动画演示实训	与"基础会计"课程教学同步安排，要求通过动画演示及实训，熟记所有会计各类单证的内容及填列方法	36
	3		"网中网"基础会计实训平台实训：包括填制和审核原始凭证、编制和审核记账凭证、会计凭证的装订、账簿的设置和登记、对账、错账更正与结账、会计报表的编制、特殊项目专练、工业企业整个业务流程综合实训、商品流通整个业务流程企业实训	与"基础会计"课程教学同步安排，要求掌握基本会计业务处理的一般流程和操作方法，包括建账、填制和审核凭证、登记账簿、编制资产负债表和利润表等基本业务处理方法	
会计岗位实训	4	出纳岗位实训	"网中网"出纳岗位实务实训平台实训：包括出纳实务简介、银行转账结算基本方式（支票结算方式、汇兑结算方式、委托收款结算、银行本票结算、商业汇票结算、银行汇票结算、托收承付结算）、收付款原始凭证与现金收付业务、出纳账簿及凭证交接、银行存款余额调节表、出纳业务综合实训	与"出纳岗位实务"课程教学同步安排，要求掌握出纳现金业务和银行转账结算业务的操作流程和方法；掌握出纳账簿的登记方法；掌握出纳相关报表的编制方法等；掌握出纳相关业务的综合处理技能	36

续表

实践层次	实训课程序号	实训课程名称	主要教学内容	教学要求	学时数
会计岗位实训	5	会计分岗位实训	"网中网"会计分岗实训平台实训：按照常见会计岗位的要求进行实训，具体有往来会计岗位、材料会计岗位、固定资产会计岗位、投资核算会计岗位、薪酬会计岗位、资本资金会计岗位、费用会计岗位、财务成果核算会计岗位、记账员岗位、财务报告岗位、稽核岗位等岗位实训内容	与手工模拟实训同步进行；要求掌握会计各种不同岗位经济业务核算的手工实操技能，以及手工仿真计算机模拟实操技能	68
会计综合实训	6	小企业会计核算实训	"网中网"中小企业会计实训平台实训：货币资金实训、应收及预付款项实训、存货实训、对外投资实训、固定资产实训、无形资产及长期待摊费用实训、负债实训、所有者权益实训；收入、费用和利润实训；财务会计报告实训、中小企业会计综合实训	与"小企业会计实务"课程同步安排，要求熟悉小企业常见会计业务内容，掌握小型工业企业各项目会计业务核算的操作流程和具体操作方法	72
	7	ERP沙盘模拟实训	用友ERP沙盘模拟实训：企业认知实训、创业经营实训、企业经营实训	与"财务管理"课程同步安排，要求以企业沙盘为教学载体，让学生建立起对企业的基本认知；初步了解企业组织设置、管理体系和经营过程；掌握企业创立、运作、管理的全过程	36

续表

实践层次	实训课程序号	实训课程名称	主要教学内容	教学要求	学时数
会计综合实训	8	网上报税实训	"网中网"虚拟网上报税实训平台实训：将企业网上报税的实务流程和真实的报税网站操作融合一体，以企业报税案例的形式，从办税指南到具体的网上办税内容，再到申报表单报税内容的填列实训。主要实训内容：税务登记实训；增值税、消费税、企业所得税、个人所得税、城建税及相关其他税种的网上申报实训	与"税收基础"课程同步安排，要求熟练掌握国税、地税等各种不同税种的网上申报操作技能，并掌握主要税种申报数据的填列方法	36
会计综合实训	9	会计综合实训	"网中网"会计综合实训平台实训：以平台中的小型工业企业和小型商业企业各一个月的经济业务数据，按照不同的会计核算方法进行手工仿真计算机模拟实训，完成从填制记账凭证、登记账簿再到编制资产负债表和利润表等一系列会计账务处理内容及过程的实训	以培养学生会计综合核算技能为目的，安排学生于晚自习时间进行训练。实训任务完成后，其成绩是"小企业会计实务"课程实操考核成绩的一部分	68
会计综合实训	10	会计虚拟实习	"网中网"会计虚拟实习平台实训：模拟真实企业场景，学生在网络上完成工业企业的虚拟实习，实际业务涉及企业、税务、银行等多角度。实习企业以工业企业为基础，具体模拟的会计岗位有出纳、费用核算会计、采购核算会计、产品核算会计、销售核算会计、税务核算会计、总账核算会计、财务部经理等8个岗位	克服学生实际会计岗位顶岗实习难以安排的困难，通过实训平台的3D虚拟数字技术，让学生体验在真实企业场景下，不同会计岗位业务核算内容及办理流程，熟练掌握会计不同岗位业务技能，最终实现零距离就业	108

续表

实践层次	实训课程序号	实训课程名称	主要教学内容	教学要求	学时数
会计综合实训	11	会计电算化实训	模拟企业一个月的经济业务，业务总笔数不少于50笔。包括系统的初始化、日常账务处理、结账、编制会计报表、固定资产核算模块基本操作、应收应付账款模块基本操作、工资核算模块基本操作等项目实训。使用的操作软件为金蝶KIS专业版财务软件	对接考试"初级会计电算化"科目，要求课证内容融合，通过实训，学生掌握职业资格考证实务操作技能，为其参加考试打下良好基础	36
	12	财务软件应用实训	模拟企业一个月的经济业务，业务总笔数不少于50笔。包括系统的初始化、日常账务处理、结账、编制会计报表、固定资产核算模块基本操作、应收应付账款模块基本操作、工资核算模块基本操作等项目实训。使用的操作软件为用友教育版财务软件	以就业及参加技能比赛为目的，在掌握金蝶财务软件操作技能的基础上，熟练掌握用友财务软件操作技能，区分两种不同财务软件操作系统的特点，以适应不同就业岗位对学生会计电算化操作能力的不同要求	36

（四）顶岗生产实习

1. 实习岗位及内容

会计相关岗位：收银、出纳、往来结算、职工薪酬核算、财产物资核算、记账、税费申报与缴纳、仓库管理等岗位工作。

其他岗位：计算机操作、银行柜台、文秘、市场营销、统计等岗位工作。

2. 实习时间

第一学期末（假期）到企业进行基层岗位——收银员岗位技能见

习,第四学期在校内生产性实训基地——会计服务公司轮岗实习,第五、六学期到生产、服务单位顶岗实习。顶岗实习期不超过12个月。

3. 实习地点

各小微型企业单位和其他经济组织,实习岗位与所学专业面向的岗位群相匹配。

4. 考核评定

顶岗实习是实践教学环节中十分重要的一环,是培养学生实际动手能力和分析解决问题能力、理论与实践相结合的基本训练,通过顶岗实习让学生了解企业的生产组织、管理形式、工艺过程及工艺技术方法,明确会计职业活动领域范围及其与企业生产经营活动的关系,掌握会计及会计相关岗位的工作要求和技能操作方法,培养学生的岗位就业能力和素质。

顶岗实习成绩按百分制计算,详见教学评价中的顶岗实习考核办法。综合评定结果分为优秀、合格和不合格三个等级,学生按照实习计划完成实习任务,经考核评定合格者,给予相应等级的成绩,并计入顶岗实习手册及学生毕业成绩册。学校应将学生的实习手册、实习成绩等材料存档备查。

在实习期间,学生必须严格遵守顶岗实习管理制度规定及实习单位纪律,不得做与实习无关的事,否则按有关规定进行处理。没有特殊情况,学生不得拖延实习时间或提前结束实习。

5. 顶岗实习管理

为规范学生的实习行为,保护学生在实习期间的合法权益,学校应与企业依据国家劳动用工方面的有关规定,制定学生顶岗实习相关管理制度或办法。顶岗实习管理要点如下:

(1) 安排学生顶岗前,应制订实习大纲、实习计划和签订顶岗生产实习协议。

学校与实习单位共同制订实习大纲,对实习的岗位和要求以及每个岗位实习的时间等提出明确的指导性意见,并签订书面协议。协议内容包括双方权利、义务、实习期间的待遇及工作时间、劳动安全卫生条件等，并符合劳动法律、法规规定。

（2）落实实习前的各项组织工作。

学生参加顶岗实习，由学校就业处安排，不允许学生自己找实习单位。学校通过召开学生动员会和家长会，做好细致的组织发动工作，提出具体的实习纪律和要求以及注意事项。学生顶岗实习前，结清有关费用，归还公物，并与学校签订《实习就业安置协议》，经其家长及学校有关部门签字同意后，方可离校。

（3）加强实习管理。

学校设立由学校领导、专业教师、企业相关人员组成的实习管理机构，明确职责。定期或不定期到各实习点巡回检查，发现问题及时纠正。在同一单位顶岗实习的学生人数为20人以上100人以下的，学校安排1名专职人员到实习单位实施全程管理和服务；学生人数如超过100人，学校派出的专职管理人员不少于2人。实习单位也要指定专门的师傅进行指导。为保证学生实习期间的安全，实习单位安排住宿，按照厂纪厂规进行管理。

学校实习专职管理人员主要职责：管理实习生、及时与企业沟通、定期向学校汇报等。要加强对学生的劳动纪律、安全（人身安全、交通安全、食品卫生安全、生产安全等）、生产操作规程、自救自护和心理健康等方面的教育，提高学生的自我保护能力。

（4）学生实习期未满，不得擅离或调换实习单位。

个别学生确因特殊情况，中途调换实习单位的，须本人提出书面申请，报学校就业处批准，由就业处通知其他相关部门。学生未经批准擅离、调换实习单位的，其间发生的一切问题由学生本人负责。

（5）实习单位按实习协议支付给学生的顶岗实习津贴。

由实习单位直接发给学生，学校和实习单位不得以任何理由截留，但实习单位向学生收取的住宿、伙食、水电费用由学生自己承担。

八、教学组织与教学评价

（一）教学组织

本专业教学组织遵循"能力本位、工学结合、校企合作、持续发展"的教育教学理念,专业领域模块课程采用"理实一体教学、校内仿真实训、校外顶岗实习"的形式组织教学。其中,理实一体教学以专任教师为主、兼职教师为辅,采取项目教学、情境案例等行动导向教学法组织课堂教学。校内仿真实训由专任教师、兼职教师、实训指导教师共同完成,通过分岗实训、混岗实训相结合的形式组织实训教学。校外顶岗实习则以校外指导教师为主、校内指导教师为辅,通过在生产、经营、管理一线顶岗实践的方式组织教学。

专业实践教学过程中,始终贯穿实施"会计基本技能实训→会计岗位实训→会计综合实训→企业顶岗实习"的"四层(四个实践层次)双轨(手工和计算模拟)"递进式教学模式,学生的专业技能学习由收银到出纳再到会计岗位,其岗位职业能力按岗位逐级递进、提升,切合会计专业"分阶段职业岗位递进式"工学结合人才培养模式对学生实践技能培养的要求。

"四层双轨递进"系统化教学模式如图2-4所示。

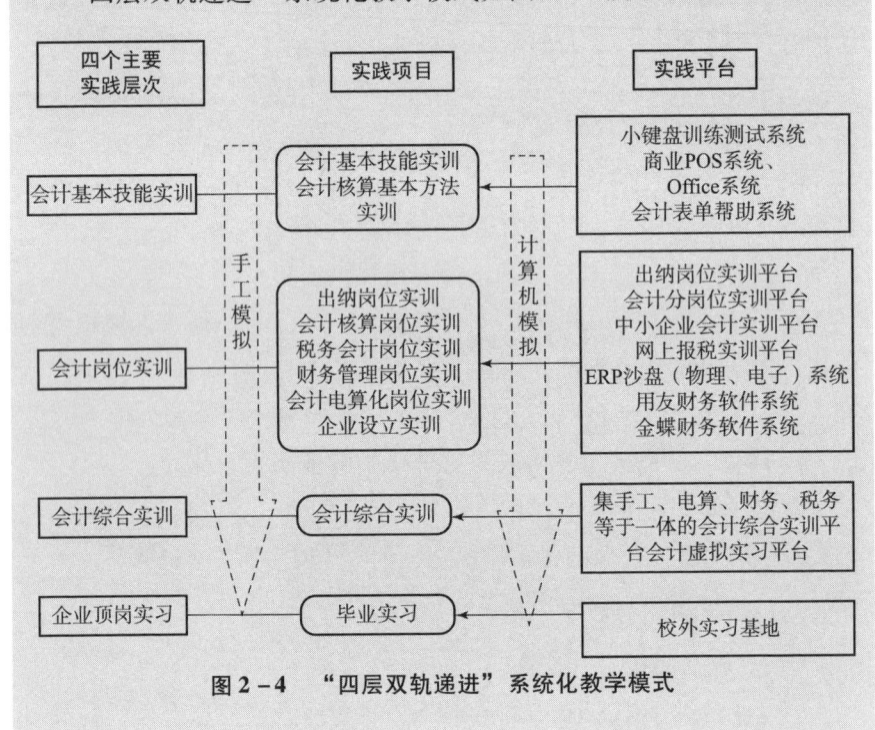

图2-4 "四层双轨递进"系统化教学模式

(二) 教学评价

1. 构建以职业能力为核心的学生考核评价体系

学生的考核评价包括诊断性评价、过程性评价和总结性评价。

一是诊断性评价。教学实施前，对学生所做的工作计划进行检查，调查学生已有的知识水平、能力发展情况以及学习上的特点、优点与不足之处，了解学生的学习准备状况及影响学习的因素。根据工作过程系统化的思路设计学习领域、学习情境，选择教学内容、教学方法和教学组织形式，因材施教，顺利实施教学。

二是过程性评价。教学实施中，观察学生的学习方法和操作过程，发现在学习过程中存在的方法问题和操作偏差，寻找教学实施方案本身存在的不足。指导学生掌握正确的学习方法和学习技巧，及时调整教学组织实施方案。

三是总结性评价。教学实施后，评定学生的学习成绩，考核学生掌握知识、技能的程度和能力水平以及达到教学目标的程度。通过对毕业生的跟踪调查、就业单位意见反馈和社会评价，对专业标准的科学性、合理性、适应性和毕业生的质量以及教学组织的满意度进行考察，为修订新的专业标准和教学实施方案提供依据。

评价过程中，尽可能多地采用量化描述，力求将定性评价以量化的方式呈现出来，将评价导向作用融入学生学习、生活之中，强化过程管理与考核。同时，重视来自企业和社会的评价，这样对学生实践能力的评价更为真实、科学。通过企业、行业共同参与，改革学生考核方法与学生综合能力评价模式，构建以职业能力为核心的，学校、企业、社会行业"三位一体"的学生考核评价体系，如图2-5所示。

2. 课程考核办法

根据基于岗位职业能力的模块化课程体系及课程设置情况，将学生学习课程考核分为四大类：第一类为理论教学课程考核，即采取理论教学的思想政治素质模块和文化基础模块课程考核（含部分理论教学的专业课程）；第二类为理实一体教学课程考核，即采取理实一体教学的专业学习领域和拓展领域各模块课程考核；第三类为校内仿真

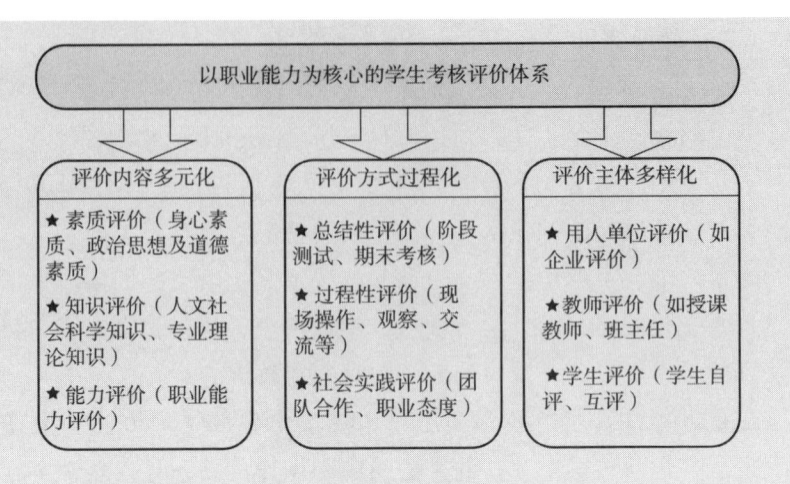

```
                 以职业能力为核心的学生考核评价体系
                    │            │            │
        ┌───────────┘            │            └───────────┐
   评价内容多元化           评价方式过程化           评价主体多样化
   ★素质评价（身心素       ★总结性评价（阶段       ★用人单位评价（如
   质、政治思想及道德     测试、期末考核）         企业评价）
   素质）
                         ★过程性评价（现         ★教师评价（如授课
   ★知识评价（人文社     场操作、观察、交         教师、班主任）
   会科学知识、专业理     流等）
   论知识）
                         ★社会实践评价（团       ★学生评价（学生自
   ★能力评价（职业能     队合作、职业态度）       评、互评）
   力评价）
```

图 2-5　以职业能力为核心的学生考核评价体系

实训课程考核，主要为会计手工模拟和手工仿真计算机模拟实训课程考核；第四类为顶岗实习课程考核，包括校内生产性实训基地的轮岗实习及校外顶岗实习。四大类课程具体考核办法如下：

（1）理论教学课程考核办法。

理论教学课程通过对学习过程和学习结果的评价，对学生知识、素质和能力进行综合考核。其中，学生学习过程考核由教师通过学生平时表现评分，该部分成绩占40%。学习结果根据学生期末考试统一评分，该部分成绩占60%。任课教师将每个学生的学习过程考核成绩与学习结果成绩相加，得出该课程的最终考核成绩，具体考核办法如表 2-12 所示。

表 2-12　理论教学课程考核办法

序号	考核项目	考核内容	考核要求	考核办法
1	学习过程考核（40%）	学习准备	课前预习，配备学习用具并摆放整齐	课前提问、检查
		学习纪律	按时上、下课，无迟到、早退、旷课现象	考勤

续表

序号	考核项目	考核内容	考核要求	考核办法
1	学习过程考核（40%）	学习态度	认真听课并做好听课笔记，回答问题积极、准确；上课不玩手机或睡觉	上课表现、检查笔记
		作业	按时完成，作业完成质量好	检查、批改
		文明礼貌	尊重老师，主动问好；讲文明，仪表端庄，行为得体；团结协作，与他人关系融洽	平时表现
		阶段性测试	理解和掌握阶段所学内容	平时测验、口试
2	期末考评（60%）	课程学习内容	理解和掌握所学内容	期末统一考试

（2）理实一体课程考核办法

具体考核办法如表 2-13 所示。

表 2-13　理实一体课程考核办法

序号	考核项目	考核内容	考核要求	考核办法
1	学习过程考核（20%）	学习准备	课前预习，配备学习用具并摆放整齐	课前提问、检查
		学习纪律	按时上、下课，无迟到、早退、旷课现象	考勤
		学习态度	认真听课并做好听课笔记，回答问题积极、准确；上课不玩手机或睡觉	上课表现、检查笔记

续表

序号	考核项目	考核内容	考核要求	考核办法
1	学习过程考核（20%）	作业	按时完成，作业质量好	检查、批改
		文明礼貌	尊重老师，主动问好；讲文明，仪表端庄，行为得体；团结协作，与他人关系融洽	平时表现
2	实践技能操作考核（30%）	专业操作技能	理解和掌握相应实践操作技能	课堂及阶段性考核，期末操作考核
3	期末考评（50%）	专业理论及操作技能	理解和掌握所学知识和技能	期末统一考试

（3）校内仿真实训课程考核办法。

会计专业实训课程主要包括：会计手工模拟实训、会计分岗位实训、会计虚拟实习、会计手工仿真计算机模拟实训等。实训课程的考核以实际操作考核为主，将过程考核与结果考核、个人考核与小组考核结合起来，不仅评定学生的个人实践操作能力，而且评定学生在实践活动中的协调能力和沟通能力。具体考核办法如表2-14所示。

表2-14 校内仿真实训课程考核办法

序号	考核项目	考核内容	要求	考核办法
1	实训纪律和态度（20%）	实训纪律	遵守管理制度，按时上下课，保持实训室整洁	教师考勤
		职业习惯	学习态度积极，诚信，具有良好的职业道德	巡回检查和指导

续表

序号	考核项目	考核内容	要求	考核办法
2	实训操作过程（20%）	工作规范	遵守财经法规，按规范流程正确操作，能自主解决操作问题，文明办理业务	巡回检查和指导
		实训效果	实训账册、报表数据书写规范、正确、完整	巡回检查和指导
		团队运行	分工明确、团结协作	小组考核
		现场评价	回答问题积极、准确，能正确分析实训结果、解答问题	答辩或回答问题
3	实训结果（60%）	实训报告、实训账册资料	认真填写实训报告，并按时提交实训账册资料（计算机模拟应提交实训操作考核测试题），实训结果正确	结果考核

（4）顶岗实习考核办法。

校外顶岗实习成绩由学生自我评价、实习指导教师评价和实习单位鉴定三部分组成。学生自我评价由学生根据个人实习过程情况在实习手册中进行自评，实习指导教师核实后计分，占总成绩的20%；实习指导教师评价由带队实习教师根据学生顶岗实习期间的职业能力（专业技能、学习能力、职业道德）的掌握情况，包括实习手册中实习周志、实习总结的填写等，对学生顶岗实习情况进行综合评定，占总成绩的20%。实习单位根据学生在顶岗实习期间的综合表现（专业技能、学习能力、职业素质、遵守纪律）进行综合评价，占总成绩的60%。具体考核办法如表2-15所示。

3. 课程考核标准

针对会计教学特别是实训教学内容、实训要求、实训考核标准所存在的规范化与量化考核的不足，会计专业将与企业的会计实务工作者合作，开发各课程基于工作过程，集统一的教学（实训）内容、规

表 2-15 学生顶岗实习考核办法

序号	考核项目	考核内容	考核要求	考核办法
1	学生自我评价（20%）	自我鉴定	按学校和实习单位要求顶岗实习，完成顶岗实习任务，掌握相应岗位操作技能等，并填写实习自我鉴定	学生在实习手册中自己填写，实习指导教师统分
2	实习指导教师综合评价（20%）	实习周志和实习总结	（1）按时、真实地填写实习周志，记录实习生活、工作过程；（2）按要求撰写实习总结，包括实习单位介绍、实习主要过程、收获和体会，500~800字	由实习指导教师根据学生实习手册内容进行综合评定
		实习指导教师评价	遵守工作纪律和职业道德、工作态度、表现好，学习能力强，掌握专业实际工作技能	由实习指导教师根据学生顶岗实习期间的职业能力（专业技能、学习能力、职业道德），进行综合评价
3	实习单位评价（60%）	实习表现及技能掌握情况	工作态度好，按时出勤，工作表现和工作成果符合实习单位要求	由实习单位根据学生的综合表现（专业技能、学习能力、职业素质、遵守纪律）进行综合评价

范的实训要求、量化的实训考核标准为一体的"会计专业课程考核标准"，按四大不同类别的课程分别规定具体考核项目、方法、评分标准及比例，使会计课程教学目标明确、有章可循，以提高课程教学的质量（会计专业课程考核标准另行制定）。

九、毕业资格与要求

学生在规定的学习期限内，完成本专业人才培养方案规定课程的学习且德、智、体成绩合格，取得毕业证书；同时，应取得本专业下列职业资格证书或相关证书之一，达到上岗就业要求：

（1）2017年前考取会计从业资格证，2017年后考取财经专业类相应的职业资格证；

（2）收银员证；

（3）计算机操作员资格证；

（4）营销员（五级）证等行业证书。

十、教学条件

（一）实践教学条件要求

1. 校内仿真实训

（1）实训场所：用于进行会计基本技能训练的会计实训室；配置有会计核算手工仿真模拟实训软件和会计电算化软件的网络环境的会计电算化实训室；具备会计分岗位操作的企业财务模拟环境及模拟银行、模拟税务等外部环境的实训室。

（2）实训工具设备：会计工作所涉及的各类办公设施设备及基本文具；进行企业经营管理模拟演练的沙盘及相关资料。

（3）会计日常用品。

（4）仿真实训资料：企业工商注册、银行开户、税务登记、会计核算等相关资料。

（5）模拟实训软件：各会计核算模拟实训软件、成本计算模拟软件、税费计算与申报模拟系统、教育版财务软件、小键盘票据录入实训软件、企业ERP资源管理软件等。

（6）配备足够数量的校内实训指导教师。

2. 校外顶岗实习

（1）具有足够数量的校外实训基地。

（2）校外顶岗实习基地应具备相应的实习条件，足够容纳学生，并为学生提供食宿及发放补助。

(3) 配备足够数量的具有丰富实践经验的顶岗实习指导教师。

（二）校内实训基地

目前，会计专业按照会计职业岗位能力的要求，已建成以会计岗前核算能力实训为重点的1个会计岗前模拟实训室；以会计岗位职责实训及内部会计控制流程实训为重点的1个会计岗位模拟实训室；以企业财务软件操作能力实训为重点的2个会计电算化实训室；以会计管理能力实训为重点的1个ERP沙盘实训室；以会计基本技能实训为主的2个会计基本技能实训室。随着会计专业的逐渐发展壮大，需增建2个仿真会计工作内、外部环境，集企业财务业务模拟、税务模拟、银行结算模拟全流程的会计综合实训室，以满足校内仿真实训的需求。同时，要加强会计实训室文化建设，加强会计职业道德教育，培养学生的会计监督能力，提升职业认知度。

会计专业校内实训基地实施与运行的主要内容应为：

1. 职业化设计与配置

会计专业实训室在室内场景布置上，要力求仿真职业环境。会计综合模拟实训室、会计电算化实训室、会计岗位实训室、会计基本技能实训室应配置会计资料、用具展览与储存柜、会计岗位牌，以利于分岗实训时明确岗位分工。同时，在会计综合实训室和岗位实训室，应仿真职业环境设置三或六人一组的"小财务科""银行""税务"工作台，配备凭证装订机、印泥、印章等会计实训用具，使学生身临其境，不断加深会计职业感情，培养会计职业态度。

2. 实训室环境与条件

会计专业校内实训室实训环境与条件要求如表2-16所示。

3. 实训软件配备及功能

会计专业校内实训室软件应涵盖各学习领域对应的模拟实训软件，包括会计核算模拟软件、成本计算模拟软件、税费计算与申报模拟系统、会计电算化财务软件（教育版）、小键盘票据录入实训软件、企业ERP资源管理软件等。为达到实训目的要求，主要软件应具备的功能如表2-17所示。

表2-16 会计专业校内实训室实训环境与条件一览表

实训室名称	能力培养方向	面积/m²	工位	电脑/台	多媒体设施/套	仿真职业环境/套	实训软件	多媒体软件
会计基本技能实训室(2个)	基本技能(点钞、收银、传票翻打、珠算)	90×2	56+30	2		算盘、练功券、计算器、传票功券、验钞机、收银机等	收银POS机操作系统	
多功能会计综合实训室(2个)	出纳、会计核算、会计管理职业能力培养(手工及计算机模拟)	120×2	56×2	56×2		仿真职业环境如办公设备、计算器、验钞机、文件柜、笔筒、剪刀、胶水、订书机、复写纸、大头针、圆形针、印泥、凭证装订机等	"网中网"实训软件,用友U8软件,用友畅捷通T3软件,金蝶K3软件,小键盘录入软件	
会计岗位实训室(2个)	出纳、会计核算、会计管理能力培养(多岗位、手工模拟)	120×2	56×2	2				
ERP沙盘模拟实训室(1个)	会计管理能力(企业经营实战)	90	30	14	教师用电脑、投影仪、幕布、多媒体声整系统	企业经营沙盘演练桌椅,ERP物理沙盘物品等	ERP沙盘实训软件系统	
会计电算化实训室(1个)	会计核算、会计管理能力(电算化、手工仿真计算机模拟)	120	60	60				
会计考证培训中心(1个)	会计核算、会计管理能力、考证训练(会计电算化)	120	60	60			"网中网"实训软件,用友U8软件,用友畅捷通T3软件,金蝶K3软件,小键盘录入软件	网络多媒体教学软件
合计		990	460	250				

表 2-17 会计专业实训软件主要功能一览表

软件名称	软件说明及主要功能		
"网中网"实训平台软件	软件功能	实训内容	出纳实务、会计基本核算、纳税业务处理、会计综合案例等课程的模拟实训
		电子模拟无纸化实训	软件设计了仿真实务的原始凭证、记账凭证、会计报表及其他会计资料，并指导学生按照会计工作过程进行模拟操作，具有信息量大、学习情境设计逼真、实训指导规范全面、符合实际的特点
		网络实训	实训室依托校园网实现网络实训与教学功能，最少可供 1 000 用户同时在网上进行电子实训。学生和教师均可以在不同的地方通过网络进行实训设计与实训练习，扩展了实训空间，提升了会计模拟实训的科技品质
		岗位实训	软件设计了会计业务操作岗位，每个岗位均限定了其工作任务与操作权限，学生可按照实训要求选择不同的岗位分角色进行分岗实训和混岗实训，全面体验职业岗位角色
		自动纠错	软件具有"实训—查错—纠错—考核"功能，教师可在上机模拟软件中设置模拟实训的答案或模糊答案，以便学生在模拟过程中运用"查错"功能提示实训错误，并按照"实训要求标准"及时更正，以提高实践教学质量
		自动考核	软件可根据学生的完成时间、完成数量和完成质量对实训成绩进行考核
		教师备课	教师可以通过系统设置实训单位的背景信息、实训角色、业务流程、签章、单证选择等，灵活组合设计实训案例，具有针对性和先进性

续表

软件名称	软件说明及主要功能	
"网中网"实训平台软件	软件功能 / 教学管理	利用教学软件进行实训信息统计、学生档案管理和学生实训成绩考核等教学管理工作。学生可通过"登录"选择角色，进行教学所要求的角色岗位实训，实训管理人员可通过系统对学生实训角色、实训内容、实训成绩进行统计，并进行标准考核
网络多媒体教学软件	屏幕广播功能	可实时传送教师或某个学生的电脑画面到某组或全体学生的电脑屏幕上，教师可以运用这个功能进行多媒体课件的教学，演示 Word 等软件的操作，还可以让某个学生进行示范
	远程遥控功能	可以让教师或学生在自己的电脑上操作其他学生的电脑，教师可以运用这个功能对学生进行单独的交互式辅导教学
	屏幕监视功能	可以让教师或某个学生对某组或全体学生的电脑画面进行实时监视，教师可以不离开座位就了解学生的学习情况，实现对整个网络上学生机的监控与管理
	多人会话功能	可以指定多个学生（可包括教师）之间进行语音交流
	屏幕录像功能	可以录制上课内容以便制作课件或教材。多媒体软件的应用更大限度地方便了教师和学生的互动，大大提高了教学效率，和其他多媒体设备一起实现了校内实训室的立体化
会计电算化财务软件（用友）	会计电算化财务应用软件，学生可模拟操作企业系统管理—建账—总账子系统—报表子系统—工资子系统—固定资产子系统—往来子系统—购销存子系统，进行相关实训	

续表

软件名称	软件说明及主要功能
金蝶K3软件	会计电算化财务应用软件，学生可模拟操作企业系统管理—建账—总账子系统—报表子系统—工资子系统—固定资产子系统—往来子系统—购销存子系统进行相关实训
ERP沙盘实训软件	ERP电子模拟对抗软件，可模拟企业创业者经营全过程
小键盘录入软件	通过用计算机数字键盘录入数据的指法和技巧运用实训，使学生能够在工作中运用小键盘准确、快速地进行各种票据的数据录入，提高工作效率
POS机操作系统软件	通过收银机及POS机终端的操作实训，学生能够掌握收银前台及后台操作，具备收银员操作技能

4. 会计专业实训室实训用具配备

会计专业实训室实训用具配备主要有：企业经营管理模拟演练的沙盘及相关资料、会计工作所涉及的各类办公用品，如打印机、装订机、点钞机、验钞机、税控机、扫描仪、文件柜、计算器、金融财会专用计算器、订书机、笔筒、剪刀、裁纸刀、复写纸、胶水、回形针、大头针、模拟印章、印泥等。

5. 会计专业实训室资料配备

会计专业实训室资料配备主要有：会计技能训练用的各种资料，如点钞练功券、珠算或传票翻打所用的传票等；会计账务处理中用到的空白原始单证、记账凭证、账簿、报表；与申报纳税相关的空白税务资料；与工商登记、企业年检相关的空白工商资料；与银行业务相关的空白银行票据等。

（三）校外实训基地

按照顶岗实践和教研的要求，会计专业按照顶岗实践和工学结合的要求以商业企业为主开拓了6个校外实训基地，如河池南城百货、河池市铭润超市等，作为学生顶岗实习基地。随着会计专业学生的日益增多，校外实训基地逐渐不能满足专业顶岗实习的要求，必须增设不同类型的校外实训基地。这些基地的建设与使用，应满足学生顶岗实习、零距离就业及教师顶岗实践、横向课题研究及专业技能开发、教学案例收集的要求，以有效提高学生的综合应用能力和实践操作能力，缩短学生的岗位适应期，使会计综合实训教学真正实现工学结合的目标，会计专业校外实训基地建设要求如表2-18所示。

表2-18 会计专业校外实训基地建设一览表

培养能力	岗位	校外实训基地
计算机操作能力	计算机操作员、仓管员、公司行政文员	各类小微工业、商业企业
营销能力	营业员、推销员、保险从业人员	各类保险公司、区内外超市、百货或卖场
收银技能	收银员、银行储蓄员、银行柜员	河池南城百货、河池市铭润超市、各类银行网点或保险公司、酒店或宾馆
会计岗位核算能力	出纳、会计	华信会计师事务所、各小微企业、各类会计服务公司或代理记账机构
会计电算化软件应用能力	财务软件操作员	广西友缘科技有限公司、各类财务软件公司
财务软件维护能力	系统管理员	广西友缘科技有限公司、各类财务软件公司

（四）教学资源

经过逐步建设，专业在人才培养模式、专业标准、课程标准、课程实施方案、教学计划、教材、考核评价标准、习题与试题、案例、课件、录像、精品课程、核心课程、师资队伍等方面，形成一系列与人才培养相适应的教育教学资源，保障教学的顺利实施。

十一、专业师资配置

（一）教师任职条件

"分阶段职业岗位递进式"工学结合人才培养模式的实施，必须拥有一支具有先进的职教理念、扎实的理论功底、熟练的实践技能、缜密的逻辑思维能力、流畅的表达能力的教师队伍。为保证人才培养目标的实现，学校应坚持"专业带头人为主导，骨干教师为主体，双师培养为重点，企业兼职教师为补充，提高素质为核心"的原则，加强师资队伍建设，校企共同打造一支由专业带头人领衔，由骨干教师、青年教师和行业兼职教师共同组成的"双师型"教学团队。专兼职教师必须满足下列任职条件：

1. 专任教师

（1）具有中等职业学校教师资格证；

（2）有一定会计岗位工作经历，熟悉会计业务；

（3）精通会计专业的基本理论与知识；

（4）具有较强的教研与科研能力。

2. 兼职教师

（1）具有3年以上会计及相关岗位工作经历，有丰富的实际工作经验；

（2）具有中级以上专业技术职务或在市级以上职业技能竞赛中获得二等奖以上；

（3）具有较强的教学组织能力。

（二）师资队伍配置

按会计专业规模，应配备足够的专业教师，至少需要专任教师40名以上，其中兼职教师应有6~8名。学校要坚持对专业课教师进行实践培训，派出专职教师顶岗实践，鼓励教师参加岗位技能任职资格认证，提供条件鼓励教师外出交流学习、提升学历，使专兼职教师素质不断提高，为人才培养的具体实施提供强有力的智力支撑。

（三）师资队伍建设

根据教育部有关文件精神，要求建立一支稳定的、由兼职和专职人员共同组成的"双师"队伍，并具有相对稳定性。目前河池市职业教育中心学校会计专业迫切需要能够胜任"理实一体化"教学任务的"双师型"教师已成共识，"双师型"教师队伍的建设是提高教学质量的关键。因此，我们可通过以下措施进行师资队伍的整合，提高师资队伍素质，使教师既具有专业科学知识和职业教育知识，又具有与专业相关的职业实践和职业教学过程实践，符合新的人才培养模式及课程模式对职教教师的新要求。

1. 制度建设要求

师资培养是一个系统工程，需要多方面配合，要建立相应的制度作为保障。一是建立河池市职业教育中心学校教师专门的准入、考核和培养制度，进一步探索与高职或中职学校、与企业合作的培养模式；二是加强研究完善教师的职称评审标准以及晋升制度，并与相对应的工资待遇挂钩，引导教师在工作中不断进取，朝着专业化发展的方向持续努力。

2. 完善师资队伍结构，建设高水平"双师"队伍

学校可聘请有丰富实际工作经验、理论水平较高的企事业单位和政府部门的会计人员为专业建设顾问，聘请来自企业一线的高级会计师、会计师、财务总监等充实师资队伍，或引进行业和企业的专业人才和能工巧匠到学校担任兼职教师，逐步加大兼职教师的比例，形成实践技能课程主要由具有相应高技能水平的兼职教师讲授的机制，以弥补学校会计教师实际工作经验不足的缺陷，使理论与实际紧密衔接。

3. 进修和培训

这是快速获取知识、提高能力的捷径，也是改善师资队伍的学历、职称构成，培养高水平教师队伍的有效途径。要建立激励机制，调动教师参加各种层次专业培训、学历提升的积极性。

4. 讲课比赛和导师制

可定期或不定期地组织教师讲课比赛，不断提高教师的教学水平；对每一位新教师，指定专人结对子负责培养，还要求新教师每学期至少听两门课，一方面增强职业道德素养，另一方面学习教学方法、准备教案，充分发挥老教师传、帮、带的作用。

5. 挂职锻炼

学校应鼓励教师经常进行社会调研，教学与实践相结合，开展校

企专业骨干双向交流和挂职锻炼。安排专业教师到企业顶岗实践，积累实际工作经验，提高实践教学能力和应用能力。创造条件让会计教师经常到第一线熟练掌握会计工作各环节的实务操作，发现、研究并解决工作中出现的会计问题，熟悉会计核算中一些惯常做法和对特殊会计事项的处理方法。

6. 参加教学科研工作和各种学术活动

定期、不定期地进行教研活动，有计划地安排教师参加专业学术会议，大力支持教师结合会计教学实际进行会计理论和会计实务方面的学术研究，以不断提高教师的教改、教研和科研水平，建立吸引高学历、高素质人才从事中职会计教育工作的机制。

十二、实施建议

为树立教师现代职业教育教学的理念，使人才培养方案顺利实施，可分为5个阶段完成实施。

（一）教师把握整体人才培养方案

学校依据本方案，制定专业实施性教学方案（计划），并向实施教师讲解专业人才培养方案，使所有成员都了解清楚专业人才培养方案，了解自己所任课程的地位和作用，能与行业专家共同开发教学内容，并明确自己的角色，把握自己的任务。

学校在教学实施前，要组织任课教师进行教学设计，明确课程实施的载体，制定课程标准和考核标准，确定考核评价方法。

（二）教师必备教学能力培训

教育观念转变和行动导向教学策略的学习、运用是专业教师准备的主要内容。会计专业教育观念转变主要通过专家讲座、观摩行动导向教学、教学实践等形式完成。教学团队行动导向教学设计、课件设计、教学资源开发等载体完成。

（三）设施、材料与教材准备

做好教学必需的设备和器材准备，确保人才培养方案的有效实施。依据专业人才培养方案要求，形成理实一体化教材；教材结构设计应遵循职业逻辑思维过程和行为方式的要求，使学生在分项目、按流程的循序渐进学习和训练中，潜移默化形成职业思维和行为方式。

（四）方案实施的评价和激励

2012 级新生设立实验班，采用新方案进行教学。2012 级非实验班学生按原教学计划继续开展教学，但教学策略普遍采用行动导向教学策略。为了保证方案的落实，分阶段、分项目对相关教师和教学管理人员进行评价。对于严格落实专业人才培养方案要求，科学选择过程导向和情景导向策略的教师给予充分肯定，课时费可增加 20%~50%。

（五）实施成效的调查与分析

为使会计人才培养方案能做出较为客观的评价，应分别对学生、企业、教师进行调查。对学生、企业、教师进行综合评定，以不断调整和完善人才培养方案，最终实现人才培养的目标。

十三、其他

学校结合实际情况，参照此方案制定三年制教学实施方案，课程开设顺序与周课时安排可根据课程改革实际情况适当进行调整或安排。

二、政行企校协同创新"分阶段职业岗位递进式"人才培养模式

按照学校人才培养模式改革要求，由专业骨干教师深入河池市华信会计师事务所、河池市铭润超市有限公司、河池南城百货等代表性企业调研，与行业、企业会计专家共同开展人才培养目标的分析、调研，了解企业的人才需求及专业学生的就业岗位情况，分析各岗位的职业活动对知识、技能、态度方面的要求，根据会计职业能力成长规律，结合专业人才培养的目标和规格，构建岗位职业能力逐级递进的"递进式"工学结合人才培养模式，全面提高学生的会计职业素养和综合职业技能，以适应企业对"收银员""出纳员""会计员"等不同层次会计岗位工作的需要。

该培养模式下，第一学期进行收银员岗位综合能力培养，第二学期进行出纳员岗位综合能力培养，第三、四学期进行会计员岗位综合能力培养，第五、六学期是顶岗实习或创业体验，即学生选择适合自

已发展的岗位实习或选择自主创业。每个学期整合教学资源，实施相应岗位职业能力模块的综合课程教学，包括岗位技能和会计职业素质的教学，实行层层递进的培养模式。

工学结合的具体措施是，第一学期带学生到合作企业进行岗位认知；第二学期暑假将学生带到合作企业，进行收银岗位见习；第三、四学期引入企业会计真账，进行"出纳员""会计员"岗位的"顶岗实习"；第五、六学期则到企业顶岗实习，培养学生会计独立操作的技能。每一岗位技能培养都融"教、学、做"为一体，做到"工中有学、学中有工，在做中学、在学中做，工学有机融合"。通过校企合作、工学结合，培养学生适应不同岗位的职业能力（如图2-6所示）。

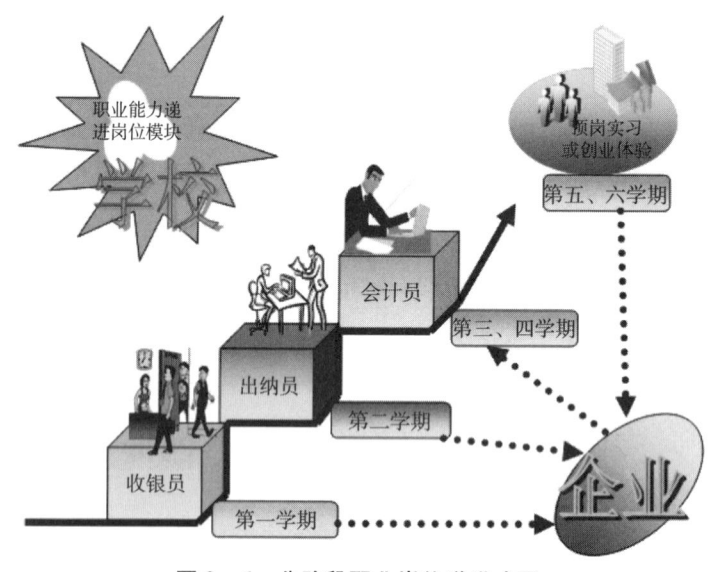

图2-6　分阶段职业岗位递进式图

三、政行企校共同创建基于岗位职业能力需求的模块化课程体系

紧紧围绕以校企合作、工学结合为主线的"递进式"人才培养模式，依据职业教育课程体系构建的原则和方法，与行业、企业专家共同构建基于岗位职业能力需求的模块化课程体系（如图2-7所示）。

图 2-7 基于岗位职业能力需求的模块化课程体系

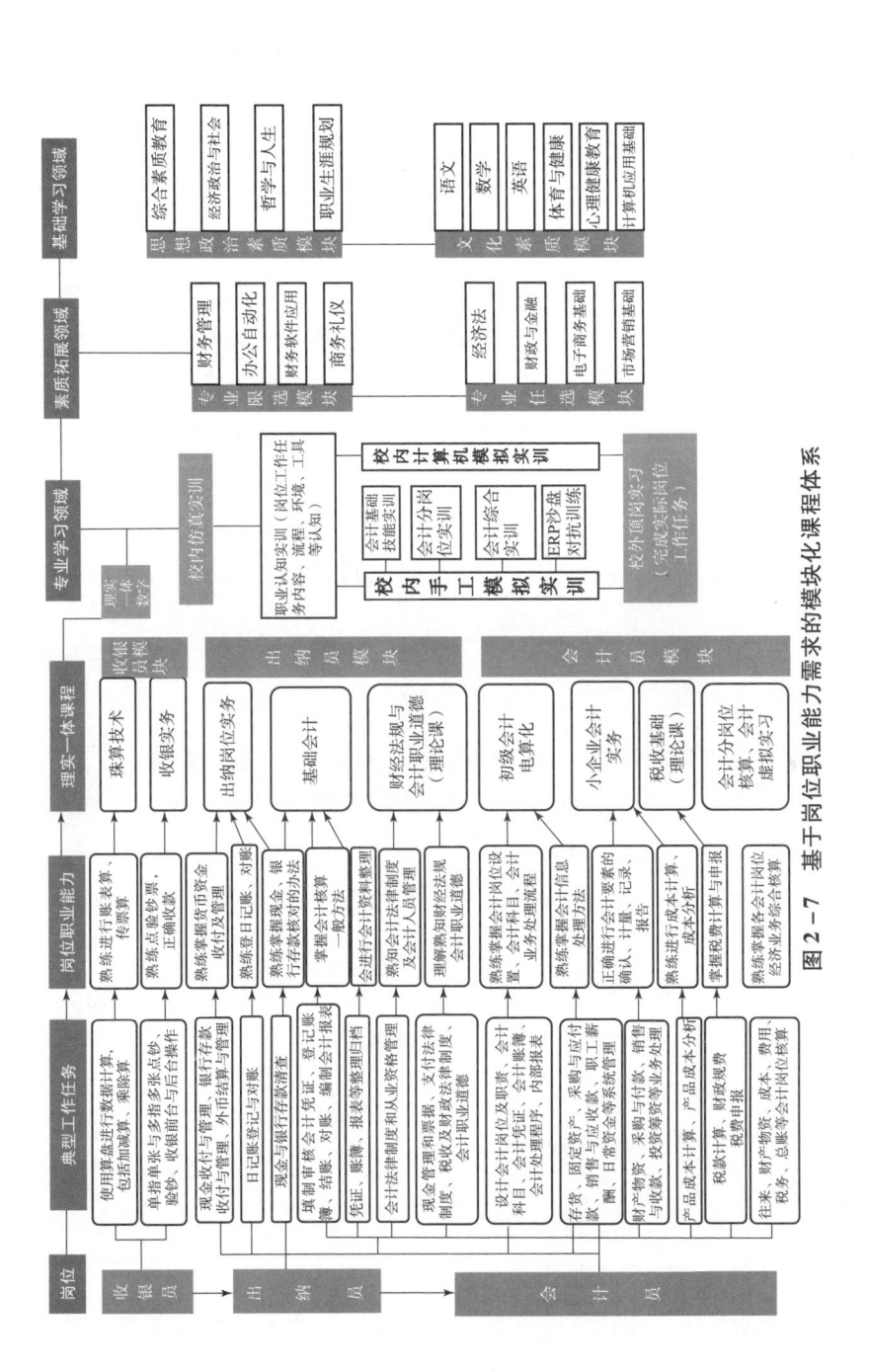

通过深入河池市华信会计师事务所、河池市铭润超市有限公司、河池市奇隆超市等代表性企业调研，分析专业面向的工作岗位对应的典型工作任务及其工作流程，确定完成工作任务所必备的岗位职业能力要求，把相互关联的一组工作任务归并、整合为具有课程开发价值的典型工作任务（行动领域），确定典型工作任务所需的知识、技能、态度，结合国家职业技能资格标准及学校会计专业人才培养的目标和规格，遵循学生职业能力培养规律，校企合作开发突出岗位职业能力培养的职业活动课程及相应技能实践模块，每个项目模块下划分为若干个项目任务，以企业真实会计工作任务为载体，设计教学项目和教学单元，每个项目任务依托校企合作企业及会计实训基地作为实践平台，使整个专业技能项目模块的建构具有更强的系统性、实践性。

以出纳员岗位为例，先将出纳员岗位的职业工作过程分解成如下6个工作职责：

（1）严格执行库存现金、银行存款等货币资金相关的法律法规及管理制度；

（2）办理库存现金、银行存款及其他货币资金收支业务；

（3）根据实际经济业务登记库存现金及银行存款日记账；

（4）对库存现金、银行存款等货币资金进行清查；

（5）对重要票据、印鉴进行安全有效管理；

（6）对货币资金计划执行情况进行分析。

在此基础上对每项工作进行分解，形成更为具体的工作任务：

（1）制定、执行货币资金核算管理制度；

（2）保管库存现金、票据、印章及有价证券；

（3）库存现金核算与管理；

（4）银行存款核算与管理；

（5）其他货币资金核算与管理；

（6）货币资金收支情况分析。

再根据具体工作任务的特点，以职业岗位能力分析为基础，整合教学内容组成如下6个课程模块：

（1）"办理现金收支"课程模块；

（2）"银行转账"课程模块；

（3）"日记账登记"课程模块；

（4）"银行存款核对"课程模块；

（5）"现金、票据、印鉴保管"课程模块；

（6）"银行账户管理"课程模块。

每个课程模块下再划分为若干个项目任务，如"日记账登记"模块分为"现金日记账登记""银行存款日记账登记"等，校企合作共同制订课程标准，设计教学情境，进行教学实施。

四、政行企校共同实施四层双轨递进系统化教学模式

"递进式"工学结合人才培养模式下，会计职业能力随"收银员""出纳员""会计员"等岗位层次的递进而递进。因此，基于岗位职业能力的模块化课程体系，会计专业核心课程按"基本技能实训""会计岗位实训""会计综合实训""企业顶岗实习"等四个实践层次，以"手工模拟"与"计算机模拟"双轨递进实施教学，形成"四层双轨递进"系统化教学模式，以确保学生岗位职业能力的形成。

在教学安排上，改革现有的一门课一周上4节或6节的教学安排模式，按照技能实训的需要进行短时间多课时分段教学，例如，在一周内只上1门课或者一个月内集中上2门或3门课程。

在教学方法上，改革传统的教师讲、学生听的"一言堂"式教学，以行动过程为导向，积极采用项目教学法、情境教学法、角色扮演法、案例教学法等教学方法，辅之以多媒体教学、网络教学、虚拟教学等教学手段，充分体现"以教师为主导，以学生为主体"，全面提高专业教学质量，如图2-8所示。

五、政行企校共同完善学生多元化考核评价体系

评价过程中，尽可能多地采用量化描述，力求将定性评价以量化的方式呈现出来，将评价导向作用融入学生学习、生活之中，强化过程管理与考核。同时，重视来自企业和社会的评价，使学生实践能力的评价

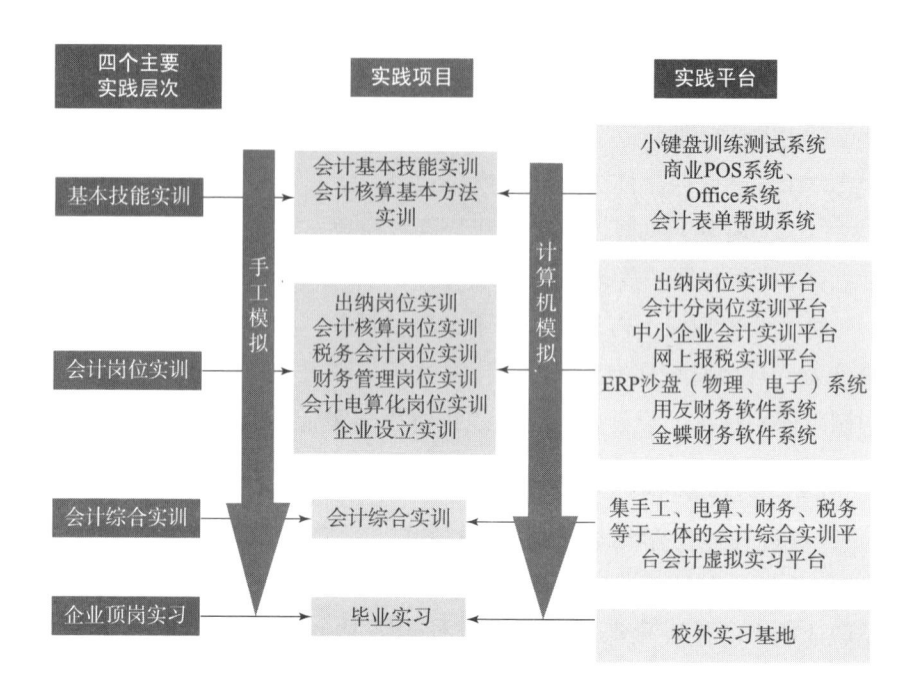

图2-8 "四层双轨递进"系统化教学模式

更为真实、科学。通过企业、行业共同参与，改革学生考核方法与学生综合能力评价模式，构建以职业能力为核心的学校、企业、社会行业"三位一体"的学生考核评价体系，详细内容如图2-9所示。

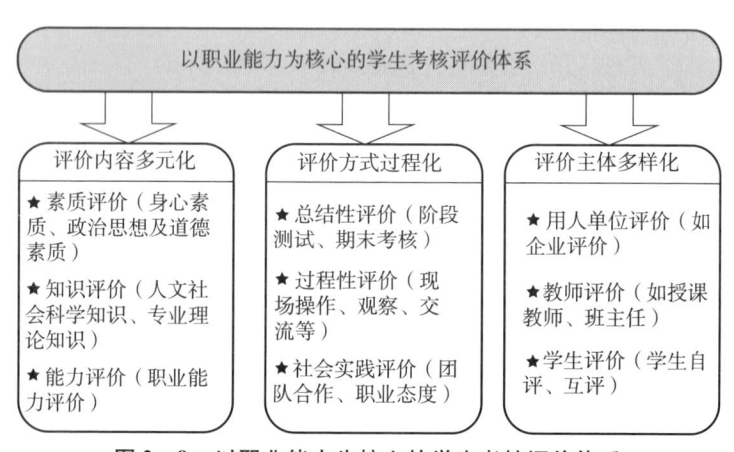

图2-9 以职业能力为核心的学生考核评价体系

六、政行企校共同研讨中高职和专业对口升本培养方式

随着信息技术的日新月异，产业结构向知识含量、高新技术调整，企业单位对员工素质的要求越来越高，再加上这几年递增的大专院校毕业生和下岗职工的再就业等因素影响，经济欠发达地区中职毕业生就业也面临许多困难，表现为对口就业率普遍较低，中职生对就业单位的忠诚度较差，就业稳定性不高。政行企校共同研讨中职毕业生除了选择就业以外，还可以通过"中高职衔接"和"中职升本"教育培养方式对口升学（升高职、升本科）进入高校继续深造，提升自己的综合能力，在激烈竞争的社会中找到适合自己的岗位。

"中高职衔接"和"中职升本"教育都是我国现代职业教育体系内的重要组成部分。中高职贯通办学有两种主要形式：一是采用"2＋3"学年制或"3＋2"学年制贯通中高职办学，即前2学年（或3学年）教育的办学主体为中等职业技术学校，后3学年（或2学年）的办学主体为高等职业院校，实施五年制一体化教学方案，以实现中高职教育的有机衔接。"中高职衔接"是中职生在校期间侧重文化基础知识、专业基础理论学习和基本专业技能培养，经考试合格后可申请升入对应的高职院校继续学习，侧重专业技术技能提升和综合职业能力培养。"中职升本"教育具有特殊的教育属性功能和经济属性功能，与普通本科教育、高职高专教育不同，是针对中职毕业生开展的普通本科教育，提高技能型人才培养质量的有效途径。"中职升本"其基本目的是培养高层次技能型人才，其核心是完善和提高学生的岗位适应能力。人才培养主要采取两种形式：一种是中等职业学校和普通本科高校联合开展"中专＋本科"分阶段培养，即"3＋4"分段培养模式；另一种是中职对口本科培养模式，即中等职业学校和普通本科高校分别实施人才培养模式。在培养过程中，除必要的专业理论学习外，侧重对学生进行专业技能训练，目的是将学生培养成具有熟练专业技能的高层次技能型人才。

第三节　加强师资队伍建设

加强教师队伍建设，是国内外形势发展的客观需要，也是推动当地教育改革和发展、全面推进素质教育的关键性措施。加强教师队伍建设，提高教师政治和业务素质，是推动职业培训事业蓬勃发展，培养经济发展需要的大批技艺精湛的劳动者的重要保证。在学校教育中，教师处于主导地位，加强教师队伍建设，是决定教育质量的关键因素。

职业教育的职业性和实践性特点，决定了职业学校的专业教师不仅必须具备教师的基本能力和素质，还必须有丰富的现代新型知识和实践能力，既能讲课又能指导实训操作。这种应用型人才最突出的特点是职业性与应用性，即具有专业技能、实际操作能力和应用性科研能力。建设这样一支高素质的"双师型"教师队伍，是实现职业教育又好又快发展的关键。

中职学校教育的重点已由规模发展转移为提升教学质量，但少数民族地区中职学校"双师型"教师数量不足，"双师型"教师队伍不健全、结构不合理，"双师"引进与培养途径少、培养效率低，"双师"素质不高等问题，严重阻碍了中职教学质量的提升。这与《国家中长期教育改革发展和规划纲要（2010—2020年）》提出大力发展职业教育，加强"双师型"队伍建设和实训基地建设，提升职业教育基础能力的要求不相适应，因此迫切需要加强教师队伍建设。

一、外引内培增强教师团队实力

经济欠发达地区的中职学校，大部分专任会计专业教师毕业后直接进入学校，缺少行业经验，教师团队实力普遍薄弱。内培是基础，外引是关键。通过外引内培的形式，增加吸引力，引入丰富经验和精湛技巧的外部行业、企业、院校专家到学校指导，面向社会和企业聘请实践经验丰富的专家到校当兼职教师。加大人才培养力度，对校内的教师进行培训，让他们能冒得出、成骨干、受重用，增强教师团队实力。

引入实践经验丰富的兼职教师，可以对专任教师产生影响，拓宽年轻教师的视野，有效改善专任教师的知识结构、提高教学水平和教学技能。由于知识更新快，专业实践课程聘请兼职教师担任，不仅对培养学生专业技能和提高学生动手实践能力有帮助，还利于校企双方的沟通。

受地理条件和经济发展的影响，外来人才进不来、中职学校人才流失严重的情况成为经济欠发达地区的"痛点"。政府不断完善人才政策体系、学校持续优化柔性引才环境、校企共同健全关怀激励培养机制是关键。政府主导、行业指导、校企共同制定出台一些专项人才制度，采取人才交流合作、兼职聘用、业务指导、合作开发项目等方式，加大外来人才引进力度，引进企业"行业专家"作为学校兼职教师，担任专业课教师，担任校内实训基地和校外学生顶岗实习的技能指导老师，打破制度瓶颈制约，让外来人才进得来、留得住。每年拿出一定的经费推进人才培养工程，有计划地分别培训骨干教师、优秀班主任、教学能手、学科带头人等；组织校内突出贡献拔尖人才、产研教一线的优秀专业技术人才和优秀实用人才等赴名校进行培训，开阔视野，增强干事创业能力。同时，有条件的学校也可以聘请国内外知名教授、行业企业专家等到学校为教师进行全员培训，提高整体素质。不断想办法完善人才政策体系，点燃学校专任教师追赶跨越的"助推器"，实践"业以才兴，致天下之治者在人才"的理念，增强经济欠发达地区的中职学校教师团队实力。

（一）加强"双师型"教师结构队伍建设

财政部职业教育研究所吴全全主任编著的《职业教育"双师型"教师基本问题研究——基于跨界视域的诠释》首先着重于"双师型"教师的内涵研究，指出了职业教育"双师型"教师所必须具备的教育教学的能力结构，提出了"双师型"教师内涵构成的四个要素（专业理论、专业理论的职业实践、职业教育理论、职业教育理论的教育实践），并从国别比较和经验借鉴的角度，对几个国家的职业教育教师培养培训成功经验进行了归纳。这对我们建设"双师型"教师结构队伍有很好的指导作用。

经济欠发达地区的中职学校聚焦于"双师型"教师专业化研究，建构了一个由静态的结构与动态的运行四对要素组成的职业教育"双师型"教师专业化所需要的能力结构模型，并提出了"链式"结构的教师专业化培养培训路径。广西壮族自治区职业院校"双师型"教师队伍建设工程实施方案（2015—2020年）贯彻落实《国务院关于加强教师队伍建设的意见》（国发〔2012〕41号）、《广西壮族自治区人民政府关于加强教师队伍建设的意见》（桂政发〔2014〕10号）和《广西壮族自治区人民政府关于贯彻的实施意见》（桂政发〔2014〕43号）等文件精神，加强职业院校具有较高教育教学水平和较强职业技能的"双师型"教师队伍建设。

以河池市职业教育中心学校为例，立足于满足河池市职业教育中心学校会计专业现状与发展的需要，从教师个体现状与发展需求出发，以会计示范专业师资培养为核心，以职业道德和教师基本素质培养为前提，以专业技能和综合职业能力培养为重点，以校内校外、校企双元为培养途径，以企业实践、送高校进修、校本培训或教师自学为基本方式的"双师型"教师队伍建设思路，以解决少数民族地区中职学校培养"双师型"教师存在的问题，使"双师型"教师能够安心稳定为学校发展做贡献。针对少数民族地区中职学校"双师型"教师队伍建设存在的问题，以学校师资队伍建设"五个保障制度"（即高级职称奖励制度、"双师型"教师奖励制度、企业人才引进制度、教师业绩考评制度、教师企业实践制度）为保障，按建设目标要求，打造一支专兼结合、高素质的"双师型"专业教学团队。学校应建立教师定期轮训制度，定期选派教职员工到优秀企业挂职锻炼、顶岗实践，不断提高实践教学能力。同时，邀请企业实践专家走进校园，为学校专业设置、人才培养出谋划策。

学校领导高屋建瓴，更新办学理念，会计专业教师通过下企业实践锻炼、带队实习、专业继续教育培训等方式，从2008年整合以来，会计专业师资队伍不断壮大。目前，会计专业拥有专任教师 48 人，均拥有本科学历及硕士研究生学历，其中高级讲师 22 人；专业课教师 40 人中，高级"双师型"教师 2 人，"双师型"教师 23 人。会计专业教师先后在省级以上刊物发表论文 65 篇以上，完成课题研究 10 项；编写 10 门核心课和 16 门非核心课的课程标准；公开出版 7 本教材。

（二）"培训"现职教师

经济欠发达地区的中职学校，现职教师整体教育教学水平较弱，结构也不尽合理，引进人才难度大。师资队伍的整体教育教学水平及其结构直接影响学生的学习效果。能否建立一支结构合理又具有较高教育教学水平并同时具有讲师和会计师以上职称的真正意义上的"双师型"教师队伍，是当前经济欠发达地区中职学校会计专业面临的重要任务。但在现有的教师队伍中，有很大一部分中职会计专业教师都是从高校毕业（包括本科毕业和研究生毕业）直接进入中职学校任教的。多数专业课教师缺乏到生产企业一线实践的工作经验，这对专业课开展一体化教学、强化专业技能教学、满足企业工作岗位的需要极为不利。如果教师不了解企业对会计工作岗位（群）实际的工作流程和工作要求，有的只是会计专业的理论和对会计工作模拟操作的经验，那么所培养出来的学生的实际动手操作能力及对会计工作岗位（群）的胜任能力就可想而知了。尽管近几年中职学校在引进会计专业教师时重视招聘有企业实际会计工作经验的专业人员，学校也计划安排教师到企业实习或调研，但下企业的教师数量不多、时间不长、针对性不强，因此效果未达到预期。

以河池市职业教育中心学校为例，学校会计专业近几年来招生规模不断扩大，每年为社会输送大量的专业技能人才，但从企业反馈的情况来看，很多毕业生都缺乏职场适应能力，与企业需求的人才标准有差距。因此，要提高人才培养质量，需要不断加强经济欠发达地区中职学校现职教师培养力度。随着经济快速发展，国内外的经济政策和财经法规不断变化、调整，企业对经济业务的会计处理方法也会不断有新的变化，中职学校本身的会计专业课教师急需通过培训学习及时了解新政策、掌握专业新技能。

通过多种形式的培训学习，比如参加各种专家讲座、培训等统一学习，企业兼职教师针对性指导，个人自由网上学习等，密切跟踪了解企业现实情况，及时改革教学内容，做到与企业会计工作内容相对接，才能不脱离实际工作，才能提升学生适应社会的竞争力，才不会导致学生仅学习到书本上滞后的理论知识，变成单纯的"纸上谈兵"。通过培训学习，提高现职专任教师的整体综合素质，现职专任教师才能把企业文化、技术和先进理念引进课堂，在教学大纲设计、课程设置和教学管理中，充分考虑培养目标和人力资源开发相结合，实现会计专业毕业生"零距离"就业，实现校企合作的无缝对接。

二、"以老带新、以新促老"共同提高

通过"新老结对子""师徒式"的互助方式，培养中职教师应具备的思想教育方面的素质和具体教学指导，教学经验和教学技能方面的传帮带。老教师有计划地为新教师传授经验，有助于新教师缩短适应期，加速自身的专业成长。

经济欠发达地区中职学生的新教师多数都是从"象牙塔"的大学校园走出来的，书生气较浓，刚入社会，看问题欠全面、欠成熟，教师职业角色转化和专业能力有待提高。因此特别需要关注新教师工作负担过重的问题，对其进行心理疏导。如中职新教师班主任工作面对的教学对象管理难度越来越大，一方面要熟悉学校环境、学校工作程序、开展教学工作情况等；另一方面要应付备课、上课、批改作业等日常事务，加之业务不熟、教育教学能力不足，同一分量工作，比有经验的教师付出的时间和精力多几倍，工作负担过重，心理抗压能力尤其需要关注。

在友好、平和的状态下，老教师能够帮助新任教师在人际关系、教学、学生管理、个人生涯发展、工作负担、学校运作、角色转换等方面遇到的困扰；老教师在接受新思想、新理念方面不如新教师快，使用现代信息化教学技术、教学能力方面也不如新教师接受及掌握得快，新教师信息化教学手段运用熟练，掌握现代教育技术较快，可以

帮助老教师学会适应新形势发展的新技术、新技能，更好地为现代职业教育服务。

以河池市职业教育中心学校为例，学校会计专业教研组通过"新老结对子"帮扶，老教师在工作、生活、思想状况、处事能力等方面能给新教师关心和指导，帮助新教师学会改善工作环境和人际关系，学会待人处事技巧，快速融入学校新组织中。长期以来秉承"以老带新"的传统，在"传、帮、带"教研氛围中，新教师队伍中出现的一批后起之秀茁壮成长，为会计专业的持续发展注入强大的动力，2016年被广西总工会评为"五一巾帼标兵岗"。"以老带新、以新促老"顺应了会计技术革新潮流，把握了会计管理变化，并结合市场需求创新了人才发展模式。

（一）老教师引领示范

老教师上示范课，引领新教师专业成长。教学中，老教师们都注重课堂的时效性，会根据学生的年龄特点和发展水平，充分挖掘教材内涵，会根据班级学生的水平进行教学设计和问题设置，传授学生有效的学习方法，落实教学目标和重点难点，更好地激发了学生探索知识的欲望。老教师们通过认真准备，精心设计课堂教学，为新教师们展示精彩的好课，展示课之后，执教老师分别说课，从自己如何设计这堂课，为什么要这么设计，教学目标是什么，知识点是什么，教学重点是什么，教学难点是什么，重点如何突出，难点如何突破等方面分别进行认真剖析。然后，与听课教师互动，通过互动交流，大家一起找出每个教学活动的亮点和不足之处，反思教学中存在的问题，使每位老师都能在活动中有所思、有所获。通过老教师、骨干教师的示范引领，新教师对课堂教学有了具体的感知，拓宽了教育教学思路，对自己今后的教育教学工作很有帮助。老教师示范课为新入职教师今后的教育教学工作指明了方向，为教师之间的教学交流提供了平台，有力促进了青年教师的成长，对提升教师的教育教学水平、加强师资队伍建设等起着积极的促进作用。图2-10和图2-11为2017年广西中等职业学校"双师型"教师示范教学情况。

图 2-10　2017 年度广西中等职业学校"双师型"
教师示范教学巡讲场景

图 2-11　2017 年度广西中等职业学校"双师型"教师示范
教学巡讲部分参评教师合影

老教师身上所展现的强烈的责任感和使命感，与时俱进的教育教学理念，丰富的教学经验和教学方法，娴熟的课堂驾驭能力，使新教师心灵受到了震撼，思维、智慧得到了开拓、升华，可以充分激发新教师们提高教育教学水平的热情。老教师能在控制课堂纪律、因"才"施教、处理突发事件和激发学生学习动机等方面给予新教师很多行之有效的指导，有效提高新教师的教育和管理学生的能力。新教师在与学生沟通端正学习态度、处理学生突发事件、改变学生不良习惯及偏差行为等方面明显经验不足，而老教师阅历丰富，可以给予新教师较好的帮助。

（二）青年教师参加各项比赛进步大

青年教师是个朝气蓬勃的群体，他们的发展决定和承载着学校的未来。近几年来，经济欠发达地区青年教师人数不断增加，关注他们的成长，发挥青年教师的重要作用，有利于促进学校持续发展。学校通过良好的机制，帮助青年教师融入集体，以情留人，以事业留人，让他们全身心投入工作当中，有助于青年教师的快速成长，能更好地为学校服务。

以河池市职业教育中心学校会计专业为例，学校专门为青年教师做了详细的进修规划，确立了以"老"带"新"，以"中"带"青"，以"师"带"徒"的青年教师培养模式，采取了具体的培养措施：①岗前培训——熟悉课堂教学常规。②师徒结对——确立了一对一的师徒帮教对子。③好课引路——每周听老教师的课至少两节。④师傅督导——每周师傅评徒弟的课至少一次，从教学目标的达成，教学环节的设计，现代职业教育教学方法的定位，信息化辅助教学手段的运用，课前课后实训软件竞赛平台的学习等方面做了认真的指导。⑤汇报评课——每个学期每位青年教师都上一堂汇报课，教研组及时听课和评课，肯定青年教师成绩，找出不足。⑥外出参赛——鼓励、指导教师参加学校、市级以上各类比赛课，展示学校青年教师风采的同时也能以赛促教。⑦理论指导——请校内外资深教师与我们青年教师面对面座谈、培训，传授教学和管理经验。⑧研修培训——每个月至少组织青年教师参加一次教学改革论文、立项课题等进修活动，每年进行会计证继续教育等。

通过这些措施，极大地调动了青年教师的工作热情，提高了青年教师的专业素养、教学水平和专业技能，学校会计专业青年教师进步很快。2015—2016年，青年教师参加全国、全区信息化教学、会计技能比赛有突破，获得国家级二等奖1项、三等奖1项，自治区级一等奖2项、二等奖3项、三等奖3项。2017年成绩喜人，参加广西中职"创新杯"教师信息化教学设计和说课大赛，共获入围国赛2项，全国信息化说课比赛二等奖1项，全国物流专业信息化大赛三等奖1

项，全区信息化教学比赛一等奖 2 项、二等奖 3 项、三等奖 6 项。参加在广州举行的 2017 年全国中等职业学校财经类专业教师会计技能比赛成绩突出，获二等奖 6 项。2017 年会计专业青年教师参加广西中等职业学校教师职业技能大赛获二等奖 2 项、三等奖 4 项。被评为学校优秀教师 4 名；优秀班主任 5 名；学校信息化比赛一等奖 2 项、二等奖 2 项；演讲比赛一等奖 1 项、二等奖 1 项。

（三）青年教师指导学生参加各种比赛成绩突出

每一位青年教师从高等学校中走出，有思想、有创新、有个性与特长，在目前教师地位（政治地位、经济地位）仍不尽如人意的时代，学校正确引导青年教师订定自己的专业发展计划，确定自我专业发展目标。有目标、有行动，自然有发展。青年教师有计划的人生，必定是精彩的人生，有计划的专业发展，同样必定是精彩有为的发展。以河池市职业教育中心学校会计专业为例，学校通过校本教研、个人反思、同伴互助，青年教师渐渐进入教学的真境界；针对青年教师领悟性强的特点和既定的奋斗目标，由专家引领，引导青年教师找准自己的特色、特长，并融入教育教学实际之中，形成有自己特色的课堂教学风格。在名师指路下，青年教师教育理念提升很快，可以做到"登东山而小鲁，登泰山而小天下"。自己提升的同时，指导学生参加各种比赛且成绩突出：青年教师指导学生参加 2017 年学校首届"立技杯"工作过程知识竞赛，奋力拼搏，在学校决赛中脱颖而出，两支代表队均获一等奖；指导学生参加 2017 年广西职业院校中职组"会计技能"项目比赛，获个人三等奖 3 项、团体三等奖 1 项；指导学生参加 2017 年河池市大中专技能比赛，荣获一等奖 6 项、二等奖 8 项、三等奖 10 项；指导学生参加第 12 届全区文明风采比赛荣获一等奖 1 项、二等奖 3 项、三等奖 2 项。2017 年指导学生参加学校举办的"喜迎十九大"演讲比赛，两位学生分别获得一等奖和二等奖；指导学生参加学校第三届"团结杯"篮球赛，教学部女生代表队荣获第一名的好成绩；指导 5 位学生参加学校举行的十大歌手决赛，获得二等奖 3 项、三等奖 2 项。图 2-12 为 2018 年学校财经商务教学部学生参加工作过程知识比赛的师生合影。

图 2-12 2018 年学校财经商务教学部学生参加
工作过程知识比赛师生合影

三、多措并举提升教师教科研能力

职业教育教学科研能力是以职业教育教学为研究现象，以创新发展职业教育教学为导向，获得职业教育教学本质和规律的能力。中职教师是既脱离普教体系，又远离高职体系的一个特殊教师群体，缺乏科学研究的工作氛围使他们很大程度上既不像普教体系单纯做知识的传递者，也无法像高职体系做研究者。中职教师和学生往往被社会边缘化，外界社会对中职学校的教师和学生的接受度与认可度普遍偏低，使得中职学校教师的专业形象和社会地位受到很大的影响。中等职业学校的教师因其面对的是被主流学校放弃、让家长失望、开始自我放逐的学生，他们普遍学习习惯差，学业基础差，学习意识差，对未来期望值很低。从家长层面来讲，选择中职学校的好处是不交学费，花钱少，学校还安排就业，省心；从学生层面来讲，本来基础就差，升学不成可以就业，没有学习的压力，好玩。但实际上，学生学习技能的状态不是很好，经济欠发达地区很多职校毕业的学生反馈"进了中职学校学不到东西"等。出现这种情况原因固然有很多，但也说明我们的教学还存在问题，面对学生的变化，老师没有做深入研究，没有及时调整培养模式、教学理念、教学方法等，没有改变学生的学习状态和思想素质。归根到底是我们的科研教研还没有跟上。

中职教师参与教科研工作的积极性、主动性不高，教科研的层次和档次偏低，很少有创新性的研究成果，教科研内容未能上升到一定的理论高度。特别是经济欠发达地区中职学校教师工作压力大，教育科研能力较弱，科研实践动手能力相对较差，且科研过程不够严谨，导致了中职学校科研水平低。中职学校教师虽不能像高校教师那样做高深学问的研究，但教学研究和技术创新还是必要的。教学和教研是一对孪生兄弟，不可分离，想教好课必须进行教学研究。中职教育者不能一味抱怨学生素质低，中职学校也不能一味抱怨教师教不好学生。大力倡导科研教研才是解决所有问题并加强中职教育吸引力的一条有益途径。在保障学生技术技能培养质量的基础上，加强文化基础教育教学，实现就业有能力、升学有基础的目标，就迫切需要一批有较强职业教育教学科研能力的教师，这既是中职学校教育教学发展的需要，更是中职教师实现自我价值的需要。

经济欠发达地区提高职业教育教学科研能力的途径，以河池市职业教育中心学校为例，这几年大力倡导教科研工作，大力鼓励教师从事科研、教研，并为教师提供科研、教研的环境和条件，营造浓厚的教科研氛围与相应的奖励激励机制，促进教师的成长。主要从以下几点入手：①学校领导重视，由学校教务处一名副主任专门负责教学科研工作，并安排学术带头人和科研骨干引领学校教科研工作，让教师科研工作有章可循。②经常举办一些科研讲座，普及和灌输职业教育教学的科研理念，指导科学选题和论文写作，尽量选择有前瞻性的选题，不断提升选题能力，规范论文格式，让教师科研工作有法可依。③为提高教师对教科研工作重要性的认识，把教师的科研成果作为教师职称职务评聘、绩效考核的重要依据。④加强校企深度合作，整体打造学校教育教学团队，特别是专业课教师的职业教育教学科研能力，专兼结合，中职科研技术可以更好地与市场需求同步，条件成熟时科研项目可以转化成专业课程，将最新技术引入课堂，提升学校办学水平，拓宽学生就业、升学渠道。⑤要求教师提升专业技能的同时，大量阅读职业教育教学理论著作，平时注重积累，结合自己的职业教育教学实践，形成个人研究意向，选定研究方向，增加思想的厚重度，敢写、多写、经常写，努力提高写作的频率。⑥要求教研组定期开展研讨活动，按示范专业建设中人才培养模式的改革、考核评价模式的改革对教师科研能力提出的要求做，在准确、深刻的前提下，适度追求语言的美感度。

四、以赛促教，提升教学水平

技能大赛的目的在于引导会计专业与企业、会计教学过程与会计工作过程、会计教学内容与会计职业规范的深度对接，促使学校实现校企合作、工学结合的人才培养模式，展示会计基本技能和会计电算化操作技能，展示学校教育、教学和管理成果。如何在技能大赛的导向下优化中职会计教学，既是有效解决目前中职会计教学轻视实践运用能力培养问题的良方，也是提高中职会计教学质量、完善学生综合知识和技能应用水平的有效途径。技能大赛为中职会计教学搭建了一个平台，可促进教学模式、教学方法和手段改革创新，是有效优化会计专业建设的途径。通过大赛带动教学、评价教学，有意识地把会计技能训练融于教学中，提高学生对就业岗位的适应性。中职组会计技能大赛包括会计电算化、传票翻打、现金盘点、会计手工综合等内容，把技能竞赛贯穿于整个中职教学阶段，循序渐进。竞赛的内容注重实践教学，加强专业技能的实训，教师根据不同层次的学生进行有针对性、分层次的专业技能辅导，对薄弱环节强化训练，体现因材施教的原则，从而提高分层辅导的有效性，促进学生会计专业能力的不断提高。中职学校根据技能大赛项目的考核内容、考核要求及评价标准，参照职业标准，按照工作过程系统化重构中职会计课程体系，更新教学内容，改进教学方法。在调整专业课程设置上，加大专业课程的涉猎面。在改进教学方式上，采取理实一体化，体现"教、学、做"一体化，按照职业活动的程序、内容和规范实施实训教学，每一个实训项目都当作岗位工作任务来要求和训练，使学生的知识在训练中得到巩固和升华，技能得到提高，作业得到规范。重视案例教学法，广泛搜集典型会计案例，引入课堂教学，加深学生理解程度。

技能大赛竞赛内容需要强化教学实践，与就业能力紧密联系，也是提高会计教学质量最重要的元素。强化实践教学包括校内实训室的建设和校外实训基地的开发两个方面。其中，校外实训基地开发侧重组织师生到校企合作单位的财务部门实习参观，组织暑期专业顶岗实习、模拟实习、毕业顶岗实习等；校内实训侧重校内会计基本技能实训室、会计手工实训室、会计综合模拟一体化实训室的建设，强化日常单项训练等。在模拟实习中可设计一些与会计技能大赛项目相关的专项实训项目，如会计实务电算化模拟开设ERP沙盘仿真演练、点钞专项实训和数字录入竞赛性实训等。在会计实训的课时安排上，采用专项实训与日常实训相结合的方式。把会计竞赛测试引入日常教学中，即通过组织"模拟技能竞赛"，使之常态化，给学生模拟职场环境，帮助学生适应职场环境和积累实践经验。

以河池市职业教育中心学校会计专业为例，实施"赛、证、教、学"一体化创新创业能力培养的教学模式，将专业课程体系、岗位资格证书、学科专业竞赛三者有效结合起来，融合专业核心课程、教学内容与职业技能考证的内容，学生通过学校相关课程的学习，奠定扎实的理论基础，在掌握专业理论知识的基础上，考取专业对应的职业技能证书，在获取职业资格证书的同时参加专业的技能大赛，构建"以赛促教、以赛促学、课证赛相融"的一体化教学模式。改革教学方法，用"真账做教学、真实的软件平台课上做"。在学生中开展竞赛对抗模式，让他们在对抗中历练、在竞赛中成长。教学相长，提高师生竞技能力。培养师生感情，使教师与学生共同成长。

第四节 厚德精技育英才

以河池市职业教育中心学校为例，河池市职业教育中心学校会计专业围绕学校"身心健康、技能精湛、素质良好"人才培养目标，打造一专多能的会计学子。河池市职业教育中心学校会计专业把技能竞赛与教学相结合，组织开展校、市、区级技能竞赛活动，学生积极参加第二课堂活动，取得优异成绩。学校被文明风采大赛组委会评为全国"卓越组织奖"。目前学校共有4位学生荣获"广西新时代刘三姐"称号，其中2名是会计专业学生，分别获得第二届、第三届"广西新时代刘三姐"光荣称号。会计专业学生参加全国、全区文明风采竞赛共获一等奖10项、二等奖12项、三等奖5项，学校举行的演讲比赛、文艺、球类竞技比赛等都获得较高荣誉。2010—2016年，会计专业学生参加市级以上专业技能比赛，共获一等奖42项、二等奖56项、三等奖68项，其中，全区技能比赛一等奖17项、二等奖14项、三等奖17项。从2008年以来会计专业先后为社会输送近1 000名会计人才，他们受到了用人单位的普遍欢迎，使学校在全市乃至全区享有较高的社会声誉。

一、注重职业素养和德育教育

职业素养是人类在社会活动中需要遵守的行为规范。个体行为的总和构成了自身的职业素养，职业素养是内涵，个体行为是外在表象。职业素养是个很大的概念，专业是第一位的，但是除了专业，敬业和道德是必备的，体现在职场上的就是职业素养，体现在生活中的就是个人素质或者道德修养。职业素养是指职业内在的规范和要求，是在职业过程中表现出来的综合品质，包含职业道德、职业技能、职业行为、职业作风和职业意识等方面。职业素养修炼一般经历认知、经验习得、内化完善、应用等环节，一旦养成，具有稳定性和发展性。德育教育内容包括：爱国主义教育、理想教育、集体主义教育、劳动教育、人道主义与社会公德教育、纪律教育、民主与法制观念的教育、科学世界观和人生观教育。德育的形式和方法可采用历史人物故事和现实教育题材树立榜样，表扬奖励与批评处分相结合，组织活动锻炼与道德情操养成等。德育的形式和方法各有特点与作用，相互补充配合，构成了德育教育的完整系统。学生品德的培养，不可能通过个别方法来实现，必定是科学地综合运用各种德育方法的结果。

以河池市职业教育中心学校为例，学校合并前，中职会计专业学生在课堂上学习了职业礼仪，在专业课程教学改革中老师融入了企业文化、会计专业的职业素养，但是临近毕业，部分学生也没有改变自己的坐姿、站姿，更没有机会展现职业礼仪，践行敬业精神。合并以后，学校坚持"德育为先"的办学思想，秉承"立德、立行、立技、立业"的校训，确立了"良心、信心、责任心；爱自己、爱家庭、爱学校、爱国家；教书育人、管理育人、服务育人、文化育人、活动育人"的"三心、四爱、五育人"的德育工作机制，以系列化特色德育活动为载体，开展德育养成、行为养成、职业素质养成教育。注重学生学习能力、职业能力、创新能力的培养和综合能力的提升，开展健康向上、丰富多彩的校园文化活动。

以育人为主线，深入推进学校学生德育工作的创新发展。每周一的升旗仪式庄重严肃、内容丰富，国旗下的讲话很好地联系了重大节日、热点问题等，让学生受到了理想信念教育、爱国精神教育、中华优秀传统文化教育、法制法规教育、专业学习和职业素养教育的洗礼，集体诵读《中职生公约》为学生一周的生活加油鼓劲儿。每天在教室和广场开展的晨读活动已成为学校的一个文化活动品牌，广场晨读形式多样，朗朗的读书声成为学校每天早晨最动人的声音。"民族文化进校园"活动开展得丰富多彩，每个教学部一支"两龙一狮"的龙狮队，一项少数民族体育项目的运行机制已形成，2017年4月26—27日，全国中等职业学校德育活动课交流会在河池市职业教育中心学校举行，学校组织的"民族文化进校园"活动展示，让与会领导嘉宾充分领略到了民族文化活动的独特魅力。2017年12月24日，河池市职业教育中心学校龙狮队首次参加广西第四届大学生龙狮锦标赛，在"传统南狮"和"舞龙"两个项目的比赛中均获得三等奖。会计专业教师继续改革创新在专业课中渗透职业素养教育（如课程考查由素养、知识、技能等方面构成），同时鼓励学生利用课余时间参加社团、公益活动，定期组织学生前往基地进行职业素养训练和职业体验。中职会计专业学生在学校注重德育教育的大环境下，不仅提升了个人职业素养，而且德育教育成效也大有提升，多数毕业生也获得了企业的认可。

二、打造一专多能的会计学子

一专多能指学校培养的学生或在职人员既要具有专业知识，在某一方面比较擅长，有着丰富的知识或经验，又要具有适应社会多方面工作的能力。激烈的市场竞争让企业对一专多能的复合型人才求贤若渴，自行培养也好，高薪引进也罢，只有建立复合型员工梯队，才能有效提升企业的综合竞争力。

信息化时代，社会人才竞争激烈，对于学历低的中职生来说，除专业技能要过硬之外，还需要有多种职业能力。中职生面对所有职业都必须具备的核心职业能力主要有交流表达能力、问题处理能力、管理能力、竞争能力、信息处理能力等。除此以外，会计专业学生还应具备点钞、珠算、鉴别假钞等基本职业技能，以及电算会计实务专业能力、工作方法能力、职业判断分析能力等。

以河池市职业教育中心学校会计专业为例，秉承"厚德强能育专才"的思想，培养了大批一专多能的学生，毕业生深受用人单位欢迎。根据区域特点，会计专业学生就业单位多数是小微企业，而小微企业多数需要一专多能的多面手，要能胜任多岗位工作。学校会计专业学生除了学习会计专业相关技能外，还要学习办公文员工作、物流、市场营销、电子商务等领域的一些基本技能，会计专业教学围绕社会主义核心价值体系和职业道德等德育活动，筑牢学生思想基础，造就了一批批身心健康、技能精湛、素质良好、一专多能的会计学子。

三、以赛促学，提高技能水平

中职会计技能竞赛作为评价中职院校会计教学质量的重要标准，具有重要的导向作用，给中职会计教学理念、教学方法以及学生的学习态度等也带来了深刻的影响。通过参加技能大赛，让学生在一个相对接近企业要求的环境里进行技能的比拼，大大增加了技能学习的实际应用效果，有利于学生在学校学习期间就逐步形成一种技能操作上的企业规范，对学生正确认识企业技能要求也是一种有效的提升。作为学生，在技能比赛的准备过程中体验到了把所学知识转化成为应用技能的愉悦，激发学生对会计岗位的向往，可以引发学生对会计专业课程的热爱和技能训练的热情，最终转化为学生学习的动力。

中职会计技能竞赛具有与企业和市场对接的特点，可以优化教学行为和教学方法。会计技能竞赛采纳了行业发展的前沿技术，体现了社会各行业对会计技能型人才职业技能的最新要求，对中职会计教学有着纲领性的指导意义。通过技能竞赛的反拨效应，促使教学理念不断更新，有利于强化以学生为主体的教学理念。学校组织学生参加符合专业要求的大赛，能够提高学生的动手能力，教师也能够结合大赛的参赛要求和参赛经验完善教学计划，促进教学活动与企业实践的对接，有利于促进实践教学。

以河池市职业教育中心学校会计专业为例，学校把技能竞赛与教学相结合，组织开展校、市、区级技能竞赛活动。会计专业专兼职教师以老中青结合的方式，全力把技能大赛的技术标准贯穿于每个学生的日常技能学习中，把技能大赛反映的行业动态、技艺要求糅合到每个教师的日常教学改革中，把技能大赛提炼的经验和教训吸取到自己的职业教育管理创新中，推动了实践教学的实现，有助于提高学生的专业技能，有利于提高教学效率。学生在学习专业技能过程中能正确认识企业技能要求，逐步形成一种技能操作上的企业规范。实践证明，通过竞赛，学生的专业技能水平得到了有效的提升。

四、专业对口顶岗实习、就业

有数据显示，近年来，通过考试的人员每年增加160万人左右，增长速度达到10%左右。与此同时，我国基础岗位的会计人员严重过剩。最新数据显示，在1 940万会计从业者中，300万持证者已经转行，300万持证者过剩。众所周知，又一次的技术浪潮已经来临，在大数据的背景下，基础会计工作已经有被机器替代的可能，会计这个行业将随着大数据浪潮的迅猛发展而发生巨大变化，现在正处于交替时期。用人单位在招聘员工时有很大的选择空间，而与学校合作办学的单位，也不是每年都增加会计人员，加上会计岗位容易涉及单位经营机密，大多单位不愿接收顶岗实习生到会计岗位实习，这就给学校寻找会计岗带来一定困难。另外，会计专业学生顶岗实习有个突出的特点，就是岗位比较分散，分布比较广，学生顶岗在不同地区和不同行业，而学校的指导老师除了顶岗实习指导任务外，大多还要在校内兼课，指导老师没有时间及时了解每位学生的顶岗实习情况，从而影响该专业顶岗实习质量和效果。因此，目前的就业形式还是比较严峻。

针对以上问题，河池市职业教育中心学校做了不少工作来解决。学校高度重视毕业生就业工作，千方百计为毕业生实现优质就业、自主创业营造良好环境。全国知名企业广东智通人力资源有限公司进驻河池市职业教育中心学校，双方开展实质性合作，搭建了校企共促就业的平台。学校通过实地考察，对就业单位严格把关。通过定期公布招聘信息、召开招聘会等多种形式提升就业质量。学生入职后，学校进行跟踪服务和满意度调查，不断提高就业服务质量。至今为止，学校与80多家世界500强企业合作，毕业生一次性就业率在98%以上，对口就业率为75%。

五、打通中高职衔接通道，升学之道宽敞平坦

就我国目前的就业形势和社会现状来看，大家越来越看重学历，尤其是本科学历，且二本以上学校的教学水平、学生素质、带来的机会、环境、人脉等都不一样。平台和起点不一样，能够到达的高度也就不同。无论是将来的就业还是深造都需要本科学历，而三本逐渐取消且不被社会认可，三本变成专科，大势所趋。众所周知，传统高考都是千军万马过独木桥，近五年广西年均高考人数34.4万，全国的高考录取率是74%左右，而广西高考一本录取率仅为8.44%，难度可想而知。中职生是中考的失利者，通过参加高考进入理想大学的可能性更小，但是经过中职学校的培养，在技能、学习能力、思维能力等方面都有所提高，部分中职生刻苦用功，各方面都有了较大的转变，只能上高职已不能体现出他们的优秀，如果能够脱颖而出进入更高的学府深造，将能更好地鼓励中职生继续学习。为贯彻落实广西教育发展大会精神，深化教育领域综合改革，加快构建现代职业教育体

系，经教育部批准，近几年广西师范大学（自2019年起，结束中职升本对口招生工作）、广西科技大学、河池学院、百色学院、梧州学院、贺州学院、钦州学院、广西民族师范学院、广西科技师范学院等9所本科院校将继续开展本科院校对口自主招收中等职业学校（含技工学校毕业生试点工作），为优秀的中职生继续深造搭建了更好的平台。

中职教育包括职业高中、中职、技校三类学校，各类学校的培养方向不尽相同，高职要兼顾各类生源课程开发难度大。随着高职的扩大招生，通过考核，大部分中职生可以直接升学到高职，少部分学生还可到一些对口本科深造。中职升高职和中职升本"对口招生"政策几乎覆盖了所有职业教育专业，不同专业人才培养面临的难度存在巨大差异，不同专业学生学业水平差异化严重。中高职教育衔接的实质是二者课程相互承接、相互分工以及不重复浪费的一种有机结合状态。以河池市职业教育中心学校为例，领导深知，中高职教育衔接的核心和关键是课程的衔接，中高职对接过程中特别注重课程衔接。与广西现代职业技术学院等多所院校紧密合作，研究对口专业课程的衔接问题。由于中职升高职既可选择"统考"又可选择"对口"，即可以转与中职就读不同的专业，另外还有中职生可以参加对口升本考试等多种升学选择，学生升学层次要求不同，这给中高职专业课程衔接问题增加了难度。中高职双方针对学生对学习整体的适应和学生个体学业水平差异程度进行适度安排，共同正确引导学生合理规划时间、纠正偏科思想、端正学习态度，在小部分优秀学生的带领下，发挥同辈影响效应，推广活动内容，创新活动形式，提升大部分中职升高职、升本学生学习责任心，激发学习动力。通过行为的改变，营造良好学习氛围，激励更多学生全面提高成绩。

第五节　政校企共建实训基地

在政府主导校企合作机制下，学校成立由行业会计专家、企业专业人员、学校代表组成的会计专业建设指导委员会，制定委员会章程，明确各方的职责和任务；同时制订委员会工作计划，按计划开展各项活动，规划、指导会计专业建设。学校以专业建设委员会为纽带，在政府主导下开展校企交流研讨活动，获取信息，加强校企联合，促进双方的进一步合作。会计专业建设指导委员会每年定期举行专业建设研讨会，校企共同研究探索岗位职业任职能力要求、职业资格标准，依据岗位职业能力要求动态修订人才培养方案，商议企业兼职教师和学校教师企业实践计划、实训基地建设、教学实施计划、企业培训计划、社会服务计划，实现学校、企业人才共育目标。委员会的成立不但解决了学生就业和创业的问题，也为企业培养人才带来了便利。

政校企共建实训基地配合专业建设，坚持以行业发展为引领，以社会需求为导向，广泛调研，找准定位，参与学校、企业、行业组成的专指委制订人才培养方案，搭建课程体系。基地聘请行业、企业人员参与教学和课程建设，将企业生产实际作为案例引入课堂，以加强理论教学与实践教学的有机融合，实现"知"与"行"之间的"零距离"接触，推进理论与实践一体化，实现教室与实训室一体化，推进理论与实践一体化，以推进工学结合。基地重视实践教学内容、方法和手段的改革，在教学组织与实施上，遵循"工学结合"的原则，采用以现场教学与多媒体教学为主的教学手段，通过"学做教"，打破了传统的理论教学与实践教学相分离的模式，实现了理论教学与实践教学的界面模糊，明显提高了教学效果，强化了学生动手实践能力的培养。

一、政校合作成立会计考培中心

以河池市职业教育中心学校为例，由会计行业主管部门——河池市财政局投资，学校提供场地和师资，建成会计考培中心，这是广西唯一一个由行业主管部门投资建设的综合性会计实训基地，为会计专业建成集教学、培训、考证于一体的区内领先的综合性实训基地打下良好的基础。会计考培中心成为全国考试考点及培训中心，由河池市财政局对企业及社会各类培训资源进行整合，利用河池市职业教育中心学校师资力量和校内实训基地优势，以会计职业技能鉴定考试中心为载体，继续面向社会、企业进行会计技术培训和会计人员继续教育培训，开展收银员证、会计证（2017年之前）及经济师、会计初中级职称等考证培训。每年完成社会各类培训2 000人次以上，社会服务的到账收入年均10万元以上；组织各种会计类考试或其他职业资格考试培训200人次以上。由河池市教育局主导，对口支援1所县级中职学校，每年为其进行师资培训2人次；与对口支援的职业学校进行联合培养学生每年达60人次以上。通过对口支援，推动本区域会计专业建设的水平。

二、校企行共同成立会计服务公司

以河池市职业教育中心学校为例，由广西友缘科技有限公司投资，学校提供场地，于2013年12月，建成占地面积约100平方米，可容纳16个实践工作岗位的会计服务公司（如图2－13所示），这是一所生产性会计实习基地。公司的成立，实现了企业真账引入校园，解决了会计专业工学结合人才培养模式的需要，也解决了学生对口顶岗实习难的问题，为会计专业教师和学生提供服务地方经济的机会，也为振兴河池地方经济提供人才帮助。

图2－13　会计服务公司

公司的业务人员主要由河池市职业教育中心学校会计教师担任，主要从事代理会计记账、税务评估、报税、会计培训、会计实习等业务，主要承接中小企业会计外包业务，同时提供学生技能训练、考证培训及顶岗实习等服务。公司建成以来，服务河池市嘉友电器有限责任公司等35家企业，引进了1个企业的真实会计业务进入会计电算化课程项目教学，与财政、税务、金融部门合作，开展证书、新知识的各种社会化培训、会计职业资格考试、技能竞赛等3 000多人次。公司依托会计专业实训基地（12间实训室，1间会计服务公司）可供实训工位600多个，实训设备先进、实训条件一流。高度仿真会计无纸化考试平台（是河池市唯一考点，与真实考试环境一致）、金蝶（用友）财务软件、仿真会计综合实习平台等。能为社会各单位提供多媒体教室、多媒体电教室、大中小型会议室、会计基本技能（点钞、验钞、珠算、收银前后台操作、传票翻打）实训室、专项技能实训室，为会计证、会计职称、会计继续教育、收银员证（收费员证）、电子商务师、商务策划师、营销师、客户服务管理师、计算机网络管理员、物流师、统计员证、税务等培训提供保障。

三、政校企共同新建和完善校内实训室

以河池市职业教育中心学校为例，2012年前校内实训基地共10间实训室，由于软件落后、设备老化，专业发展受到了制约。在政府的大力支持下，会计专业得到了中央财政资金扶持；在会计专业建设指导委员会的指导下，经过调研、研讨，提出了可行性的实训基地建设方案。截至2018年，校企共同新增实训室6间，完善实训室6间，实训设备总价值1 200多万元，可供实训工位数由350增到660个。目前政校企共建会计专业校内实训基地面积1 500平方米，会计基本技能、会计电算化、会计综合实训室14间，会计服务公司1间，是集教学、培训、考证于一体的区内领先的综合性实训基地。学生在实训室内学习技能进步很快，在全区技能竞赛中连续三年荣获一等奖，获奖人数位于全区前列。

校企适应创新工学结合教学形式，以引优质企业"真账"入校为切入点，以建设"实景操作场所"为目标，与企业一起全面营造会计真实的职业环境与职业氛围，从设备、技术、管理等方面模拟会计职业环境，新建1间ERP沙盘模拟实训室、2间仿真会计综合实训室（一体化教室）。其中2间仿真会计综合实训室是根据企业经济业务流程和财务类从业人员的日常工作，模拟涉及业务内部办公环境及外部财政、税务、工商、银行金融机构等创新建设的会计一体化教室。购置6人座学生工作台、办公桌椅、电脑、考试平台、金蝶财务软件、会计综合实习平台等，以满足会计专业"基础技能实训""会计岗位实训""会计综合实训""企业顶岗实习"等4个实践层次教学需要，目的是为学生打造全仿真的财务实训环境，充分提升学生学习的趣味性和实战性。仿真会计综合实训室在功能上除了能够满足会计专业人才培养、学科建设、科学研究外，还可通过优异的增值服务（如对外培训、活动承办、远程会议、学术研讨、举办技能大赛、课程建设等），提升学校的教学实力、毕业生的竞争力，以及学校的区域影响力，又可以为学校带来更多的经济效应和社会效益。另1间是新增的ERP沙盘模拟实训室，为学生进行集知识性、趣味性、对抗性于一体的管理类实战演练。不仅适用于会计专业，还适用于市场营销、电子商务等专业，参训学生可分成6个团队，每个团队由CEO（首席执行官）、财务总监、营销总监、生产总监和物流总监等组成。每个团队接手经营一个资产相同的虚拟公司，连续从事6个会计年度的经营活动，最后按企业业绩评定优秀团队。学生在游戏般的学习中体验到完整的企业经营过程，感悟正确的经营思路、管理理念，在团队合作中学习组织沟通，提高经营效能。

校企还围绕"递进式"人才培养模式，以全面实施新的课程体系和社会服务功能为目标，在原有实训条件的基础上，完善现有校内实训基地功能，即增置会计综合实训平台、成本会计实训平台、税务会计实训平台及出纳岗位实训平台等教学应用软件；增置教学用打印机、多媒体教学设备等适应一体化教学需要的实训设备。校内实训基地建成后，能满足"递进式"工学结合人才培养模式对实践项目教学的要求。

四、政校企共同新建校外实习基地

虽然校内也有会计仿真模拟练习资料、虚拟实训平台，但是学生在校内实训期间，只是机械地填制凭证、登记账簿、出具报表，对于操作的前因后果缺乏了解，实践操作锻炼的作用不是很明显。另外经济欠发达地区中职学校校内实训的大部分指导教师缺少丰富的行业经验，导致只是重视模拟实验的作用，忽略了对会计专业学生实际工作能力的培养。因此急需建设校外实习基地以提高学生专业工作实践能力，特别是建立政校企合作稳定的校外实习基地。

建设会计专业校外实习基地，能加强会计理论知识教育，增强学生对会计实际工作的能力，为学生的岗位专业技能训练提供更为真实的环境，缩小学校与企业、社会之间的差距。通过亲身体验，解决工作与管理中遇到的实际问题，提高将所学理论知识运用于实践工作中的能力。同时为学生迅速接触社会，将会计知识转化为实际的市场操作能力，更好地认识和分析会计活动提供重要保障。会计工作不仅细致，而且单调、烦琐，日常的会计处理很容易使会计人员干劲松懈，作为会计实习人员必须具备责任感和事业心才能处理好每一笔会计业务。会计部门也是一个团队，会计实习人员要具备团队精神，在平时工作中需要主动去配合其他会计人员，顺利完成团队任务。遵纪守法对每天都与金钱接触的会计人员尤为重要，通过校外实习，可以更好地了解相关的法律、法规与会计制度，了解以法律和道德为准绳，保持自身的廉洁性，不做假账，秉公办事，抵制各种错误的重要性。会计人员在企业内部，需要与不同部门沟通与协调，以便顺利开展涉及各部门利益的会计工作；在外部需要和工商局、税务局、银行、审计等部门相关人员进行接触，为企业的发展营造良好的外部环境，这对培养学生人际交往、锻炼语言表达能力有着很大的帮助；校外实习还可以使学生树立市场意识与竞争意识，提前了解用人单位的需求和要求，认知社会生活中的优胜劣汰法则。学生在校外实习基地里接受过实际会计业务处理，能为企业协调各种关系，及时提供需要的会计信息，必定受到企业的欢迎，稳定的校外实习基地为企业挑选人才和学生就业提供了平台，为企业和学生提供了一个双向选择的机会，从而提高学生的就业率。

以河池市职业教育中心学校为例，学校为进一步深化校企合作关系，建立校外顶岗实习管理制度，在合作开展人才培养、课程开发、教学团队建设、实习实训基地建设、员工培训等方面实现互动共赢。学校会计专业以服务区域经济为中心，2012年前与河池市华信会计师事务所、广西国信会计师事务所、河池市华宇科技有限公司、河池南城百货、河池市铭润超市有限公司、河池市奇隆超市等6家企业初步建立了校企合作关系。在此基础上，将以商业、服务业、制造业为主，兼顾房地产建筑业、中介服务机构等，既有中小型企业，又有微型企业，以能够完成不同类型企业的收银、出纳、会计等岗位的顶岗实习为目标，截至2018年又新建5家校外实习基地，确保100%学生至少顶岗实习半年以上。

五、政校企共同建设校内特色实训基地

校企共建实训基地，共同培养适应现代企业所需要的应用型技术人才，将丰富中职的教学内容，推动专业建设和课程改革。在校企共建实训基地教育模式中，加入政府主导功能，校企双方的关系将会由松散变为紧密，学校通过与企业的紧密联系，在校企合作模式下，共同探索中职学校人才培养方式、课程体系、教学内容、教学方法等一系列教育教学改革，使校内实训基地的建设出成效、见特色，为提升教师的科研能力和解决实际工作问题的能力，促进学生的基本能力、专业能力、职业能力及学习质量与技能水平起到积极的推动作用。政府主导、校企共建特色实训基地可使合作双方互惠互利、合作共赢。学校对教育、教学的全过程负责，为企业培养员工；企业为学校提供实训场所或设备援助，在人力、物力、财力上给予支持，直接参与人才培养。校企紧密型产学结合之路，无论对中职人才培养，还是对企

业创造财富，都将是一个"双赢"的过程。

以河池市职业教育中心学校2016年获得广西的会计专业特色实训基础建设项目为例，接到自治区财政厅、教育厅下达学校获得2016年现代职业教育质量提升计划中央专项资金500万元用于会计特色示范专业及实训基地建设通知后，学校领导十分重视建设，先后率队到玉林财经学校、广州市财经职业技术学校进行实训基地建设经验交流和考察，邀请区内外职业教育专家及行业企业专家到校指导，实地查看学校会计专业现有的实训基地，参与论证、指导项目建设。定期向教育主管部门汇报实训基地建设情况，及时研究解决项目建设工作中遇到的困难和问题，建立专家指导常态机制，构建学校、企业、专家多方联动机制，保证项目建设强力推进。新建5间实训室（财经综合技能实训中心、财税综合实训室、电子商务实训室、ERP沙盘模拟实训室、商务综合实训室），完善2间实训室（会计考培实训中心、技能社团训练中心）。实训基地整体文化及内涵建设：完成会计专业发展历史及发展成果等宣传资料的采集及光盘（8分钟）制作；完成专业发展历史及发展成果资料的采集及画册制作（5 000册）；建成实训基地文化长廊（专业内涵特点、实训教学及科研成果展、学生实训成果展、特色实训项目、实训基地为社会服务等方面资料的采集及宣传橱窗制作）；建成师生荣誉墙（优秀实训指导教师、历届优秀毕业生等资料采集）。会计特色实训基地的建设，带动了包括市场营销、电子商务和物流专业的发展，提供共用实训室3间，增加学生实训机会，为市场营销、电子商务专业培养4名教师，制定了"收银实务""市场营销基础""电子商务"等专业公共类课程标准与考核标准，有效带动了专业群发展，搭建了互动交流平台。经常邀请行业、企业专家来校指导，接待外来学校、单位人员参观。通过各种途径，不定期派教师到企业实践锻炼或外出学习等，不断提升整体水平。

第三章 经济欠发达地区中职会计专业建设成效

第一节 政行企校联动机制健康运行效果好

政府统筹盘活职业教育资源，发展现代职业教育体系，需要调动社会多方力量参与。深化产教融合，校企深度合作是办好职业教育的关键，如何调动行业企业参与职业教育的积极性是重中之重。如何建立有效的四方联轴运行合作办学机制（即政府主导、行业指导、企业参与、校企广泛深度合作）值得研究。经济欠发达地区发挥职业学校和企业在人才培养中的双主体作用，推动一批"职业教育型企业"发展，真正让职业学校毕业生有成就感，让参与企事业单位有获得感。只有企业的积极性被调动起来，校企合作才能真正有出路。经济欠发达地区中职学校要增强企业进入职业教育的意愿，除搭建职业教育产业融资、担保、信息综合服务平台，完善金融中介服务体系，来调动企业积极性外，还需要在企业之外的学校、政府部门方面多下功夫。支持各类企业主体通过独资、合资、合作等多种形式举办或参与职业教育，充分发挥市场机制的重要作用，用创新的机制和真正的实惠打动利益相关群体等。推进政府和社会资本合作的PPP模式改革，落实好财政奖补政策和职业学校生均拨款制度，改变"政府热、资本冷"的现状，建立动态可调整的收费定价和政府补贴机制，平衡好社会效益与社会资本收益，政行企校联动机制就可以健康运行。

河池市职业教育中心学校作为经济欠发达地区的代表，学校成立专业建设指导委员会，由校企行三方专家组成，倾听企业对人才培养的意见和建议，按照市场要求不断改进人才培养目标、改革创新教学模式，使共同培养的人才最终达到企业满意为止。同时学校通过对外开放教育和培训来满足企业技术知识革新的需要，为企业提供各种学习机会以及及时跟进企业的发展，注意积极跟踪并及时向政校企合作方反馈信息，使政校企合作得以良性运行和发展。学校经常邀请企业管理人员到学校宣讲企业精神、企业文化，创造学生与企业直接对话的机会，引导学生自觉培养企业需要的职业道德素质和团队协作精神。政府扮演主导角色，推进校企合作更深入地展开。政府主动介入校企合作，发挥其作为公共组织的宏观调控和服务功能。如通过财政拨款、制定法规、税收优惠、政策扶持、激励评价等多种手段，发挥主导或引导作用。政府还把以校企合作为特征的职业教育纳入地方经济社会发展规划，明确政府、企业、学校在校企合作教育中的权利、责任和义务，建立校企合作办学的体系、制度和章程等，对参与校企合作的企业予以鼓励，为校企合作的运行营造良好的制度环境。在政府主导下，成立河池市职教集团，实现职业教育资源共享、优势互补，构建了政校企合作联动机制，以负责协调各方的关系，适时制定和调整产学研结合的优惠政策，执行产学研结合的若干政策等，通过资金扶助、政策引导，积极协调政府、企业、行业、职业院校的利益，较好地组织校企合作相关的工作，协调校企双方的利益，发挥校企双方的优势促进共同发展，促进政行企校四方联动机制健康运行，以保障职业教育的健康发展。

一、顶岗实习，效果良好

近几年来，国家对于中等职业学校的顶岗实习十分关注，先后出台了一些相关的法规和政策，部分地方政府主动承担了中职生顶岗实习期间的保险费用，为学生提供补助、购买保险等，有了政府投入、政策支持，中等职业学校的顶岗实习开展顺利，就业途径拓宽。顶岗实习对于中等职业学校的学生来说，可以及时将学生角色转变为企业员工，参与社会实践，接触到真实的社会。学生可以通过顶岗实习提高技能水平，养成良好的职业观；企业可以通过学生参与企业实践观察和挑选满足企业发展需求的优秀人才，为企业优化人力资源结构、突破人才使用瓶颈提供人力资源，促使企业在人才力量的推动下，实现快速发展。顶岗实习实施后，吸收"双师型"教师的途径增加，学校在组织学生参加顶岗实习后，一方面可以在企业中寻找优秀的企业人员，让他们到校教授学生技能和知识，扩充"双师型"人才队伍；另一方面可以依照学校培养教师的计划和要求，将一些教师派到企业中，他们既可以指导学生，也可临时就职企业某些岗位，提高自己的技能，成为优秀的"双师型"人才。

河池市职业教育中心学校作为经济欠发达地区的代表，在政府主导下，行业协调、校企深度合作，共同实施学生顶岗实习，效果突出。政府出台优惠政策给与职业学校合作的企业，通过行业指导、校企共育，为政府排忧解难；学校为地方经济建设提供适用人才，为地方社会发展传播文化，解决好学生、贫困户、待业人员等就业创业，解决民生问题，维护社会稳定，促进社会发展；学校为合作企业优先提供人力资源支持和技术服务，为合作企业培训员工，配合企业进行企业宣传和产品或服务推广，企业在合作中还能获得相应的经济效益；校企行根据企业需求调整，满足企业用人的突发性要求，减少劳动力市场的缺口和波动，还能为学生就业拓宽途径。河池市职业教育中心学校2017届有会计专业毕业生296名，毕业生就业率达98%以上，对口率80%以上，就业满意度达94%。学校目前与河池市华信会计师事务所、广西国信会计师事务所、河池市华宇科技有限公司、河池南城百货、河池市铭润超市有限公司、河池市奇隆超市等6家企业初步建立了校企合作关系。在此基础上，将以商业、服务业、制造业为主，兼顾房地产建筑业、中介服务机构等，既有中小型企业，又有微型企业，能够进行不同类型企业的收银、出纳、会计等岗位的顶岗实习，新建5家校外实习基地，确保100%学生至少顶岗实习半年以上。进一步深化校企合作关系，建立校外顶岗实习管理制度，在合作开展人才培养、课程开发、教学团队建设、实习实训基地建设、员工培训等方面实现互动共赢。

为了学生的就业岗位更明确，学习的目的性、主动性更切合实际，学习的质量更好，临近毕业前一个学期，围绕就业应聘的相关要求，对特定岗位的知识、技能进行更深层次的学习与训练。实践证明，经过毕业前模块化强化学习与训练，取得了显著成效。2017年前会计从业资格考试通过率逐年上升，超过广西平均水平；收银员、会计初级职称等培训考试效果深得学员好评。为区域经济中小微企业提供人才录取率超过总数的30%，多数企业评价学校培养的人才"经得住、耐力强、拿得起、放得下、用得上、学得好、技能精、专业强"。

二、学生大赛，成绩突出

企业对落后贫困地区缺乏深入的认识和深厚的感情，政府发挥统筹职能，出台企业办学的优惠政策，制定能吸引留得住的教职工改革和实施办法，建立激励机制促进校企全面合作。校企双方相互兼职，聘请企业有关专家和富有丰富实践经验的师傅为学校客座教授或实习指导老师，并发给相应的聘任证书。在国家政策允许的范围内，制定合作企业、兼职人员奖励制度，向企业有关兼职人员、特聘教授、实习指导老师支付一定的报酬，对于合作好的企业、兼职教授（教师）给予奖励，使学校留得住人才，从而提高教师的实践教学水平，提升学生的专业技能和综合素质，提高学校的教学质量。

以河池市职业教育中心学校为例，学校把技能竞赛与教学相结合，组织开展校、市、区级技能竞赛活动。几年来，河池市职业教育中心学校学生参加自治区级技能大赛共获一等奖34项、二等奖71项、三等奖94项。2014年，学生参加全区文明风采比赛，获113项一等奖、114项二等奖、81项三等奖，学校被文明风采大赛组委会评为全国"卓越组织奖"。学校会计10—6班郭冬云、会计10—6班覃黎敏等4位学生分别获得了2011年、2012年广西第二、第三届职业教育"新时代刘三姐"称号（如图3-1、图3-2所示）。会计专业学生参加

图3-1　会计10—6班郭冬云获第二届"新时代刘三姐"称号（左一）

图3-2　会计10—6班覃黎敏获第三届"新时代刘三姐"称号

学校2017年首届"立技杯"工作过程知识竞赛，获一等奖2项；参加2017年河池市大中专院校会计技能比赛获得一等奖3项、二等奖3项、三等奖6项；参加2017年广西职业院校会计技能比赛获得个人三等奖3项、团体三等奖3项；参加2017年第12届广西文明风采获一等奖1项、二等奖2项、三等奖1项。

三、师资队伍，头角峥嵘

经济欠发达地区的中职学校，普遍存在"双师型"师资队伍缺乏、城乡教育资源不平衡的问题，多数会计专业教师毕业后直接进入学校，缺少行业实践经验。通过政行企校联动建立人才培养目标，共同构建课程体系，携手建设综合素质高的师资队伍。

以河池市职业教育中心学校为例，以"自培、送出去、请进来"为基本思路，注重教师职业素养、专业技能、科研能力和信息化技术应用水平的培养。学校的会计专业借着国家重点示范校建设的春风，以"专业带头人为主导，骨干教师为主体，双师培养为重点，企业兼职教师为补充，提高素质为核心"为原则，加强师资队伍建设，校企共同打造一支由专业带头人领衔，由骨干教师、青年教师和行业兼职教师共同组成的"双师型"教学团队。近几年来，以校企合作为载体，经过内修外培、专兼结对培养，会计专业已形成一支"结构合理、专兼结合、校企互通、动态组合"的"双师型"教师团队，实践会计专业岗前、岗中的社会化培训。兼职教师的引入，可以让这些有丰富经验和精湛技巧的兼职教师对专任教师产生影响，拓宽年轻教师的视野，有效改善专任教师的知识结构，提高教学水平和教学技能。由于知识更新快，专业实践课程向社会和企业聘请实践经验丰富的兼职教师担任，不仅对于培养学生专业技能和提高学生动手实践能力有帮助，还有利于校企双方的沟通。学校建立师资队伍建设的"五个保障机制"，即《高级职称奖励制度》《"双师型"教师奖励制度》《企业人才引进制度》《教师业绩考评制度》《教师企业实践制度》等，完善教师队伍评价机制和激励机制，保证了师资队伍建设的顺利进行。完善企业兼职教师选拔、培训、聘用等管理制度，利用会计专业良好的行业背景,从行业或企业中聘请既有一定理论水平又有丰富实践经验的专业人员担任兼职教师;从企业一线选聘具有实践经验的技术骨干担任实习指导教师。从2008年整合以来,会计专业师资队伍不断壮大。截至2018年,专业教师团队人数由25人增至48人,会计专业课教师40人,高级讲师22人,高级"双师型"教师2人,"双师型"教师34人。"双师型"教师达到专业教师的85%上,高级职称教师比例达到专业课教师人数的55%。聘请兼职教师从2人增至8人(含实习指导教师),建立8人以上的兼职教师数据库,学校与企业兼职教师签订相应协议,给予相应的福利待遇及优惠政策,以保持企业兼职教师队伍的相对稳定。

(一)专业教学团队积极向上

专业教学团队建设是教师专业发展的重要形式之一,弘扬优良学风,宣传优秀教师的先进事迹,培养教师的科研精神、敬业精神和教书育人的责任心,打造高效的专业团队,建设拥有向心力、凝聚力、战斗力、团结互助精神的团队,才会有较高的教学质量,才能充分展现教师的个人价值,实现教学团队专业发展目标,促进学校健康发展。每位专业团队的成员都有团队意识,能规范自己的行为,用团队积极向上的精神激励自己,加速自身的专业成长和发展。

近几年来,经济欠发达地区的专业团队建设都获得了不同程度的改进,取得了一定的成效,以河池市职业教育中心学校为例,学校注重名师培养。通过教风建设,涌现出许多先进教师。专业团队内部有分工,内部成员有专业化发展,学校制定师资队伍建设五年规划、师资年度培训计划和教师奖励办法,实施学历提升、职称晋升、名师培养、"双师型"教师培养、骨干教师培养的"五大工程",为教师的成长提供平台。几年来,先后涌现出了全国职业教育先进个人、广西名师、河池优秀教师、河池市技术能手、河池市德育先进个人及全国、全区技能大赛获奖优秀指导教师等一批优秀教师。会计专业以示范校建设为契机,大力进行专业建设。任课教师积极开展教学改革创新工作,积极参与课程建设、教材建设和课题研究。会计专业教师秉承"以老带新"传统，团队积极向上，教师指导技能比赛、参加教师各项比赛等各方面成绩突出，会计教研组连续6年被评为先进教研组，2016年荣获"广西五一巾帼标兵岗"荣誉称号（如图3-3所示）。

图3-3 会计教研组荣获"广西五一巾帼标兵岗"荣誉称号

（二）教师教学科研能力提升快

经济欠发达地区要实现教师队伍专业强、科研优、持续发展后劲足，统一思想是关键。思想是行动的先导，只有正确的思想意识，才能产生正确的行动。正确引导教师做个人规划，向优秀教师、名师之路前行。名师走的是课题研究之路，名校走的是课题研究之路，课题研究也是区域性教育改革与发展的必由之路。只有及时地、认真地科学总结，并上升到理性的高度，才能在更广泛的范围内指导教育实践活动。只要立足于学生、教师、课堂和学校，关爱生命、关照心灵、关注成长，走教育教学改革的探索之路，管理必然有新视野，课堂必然有新天地，课改必定有新成果，学校教育必定有新亮点。

以河池市职业教育中心学校为例，学校注重激发和调动教师从事职业教育教学实践与研究的积极性、主动性和创造性，激励他们从提高课堂教学质量的实际出发，从现代职业教育发展面临的问题出发，从教师专业发展的内在需求出发，加强对各专业教学问题的研究，促进形成高质量的案例、论文，更好地促进新旧动能转换。学校注重营造良好的学术氛围，为教师搭建教师参与教育科研平台，有效引导教师分层参与课题研究，真正实现科研兴校、科研兴师。切实把落实教科研过程与追求教科研成果放在同等位置，把工作中最令人烦恼的问题作为研究对象，树立"创新"意识，树立问题就是课题的意识，教什么研究什么，需要什么研究什么，怀疑什么研究什么，选题时力求做到短、平、快。研究的角度宜小、研究的周期宜短、研究的内容宜实，抓住课堂教学主阵地，把教室当成实验室，把教师、学生作为实验对象，提高教师的科研素质，促使师资队伍的科研化，提高教师的专业化程度，促进学校发展。近3年来教师们积极开展教科研活动，每年均邀请校内外同行专家对立项课题的研究方案进行点评和指导，图3-4为2017年度广西壮族自治区级立项课题开题报告会现场。确保课题研究扎实有效地纵深推进。会计专业教师先后在省级以上刊物发表教研论文65篇，论文、教案多次获奖，完成8项市级以上教研课题，获河池市教育科学规划课题一等奖1项。2019年获河池市教学成果奖特等奖1项、二等奖1项。校企合作完成10门核心课程和16门

图3-4　2017年度广西壮族自治区级立项课题开题报告会现场

非核心课程的课程标准、考核标准、授课计划等的编写；公开出版7部会计专业教材（如图3-5所示）。完成了13门课程资源库的建设（如图3-6所示）。会计专业教师秉承"以老带新"传统，在"传、帮、带"教研氛围中，团队积极向上，一批后起之秀茁壮成长为会计专业的持续发展注入强大的动力。图3-6为教师参与国家级数字化精品课程资源会计电算化专业共建共享课题研究成果。

图3-5 会计专业教师公开出版教材7部

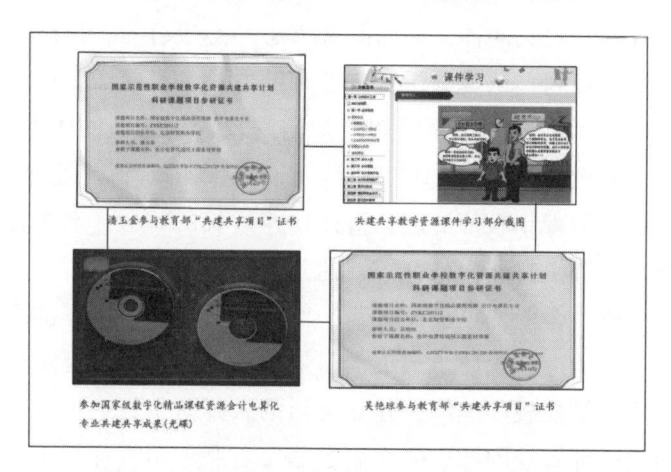

图3-6 教师参与国家级数字化精品课程资源会计电算化专业共建共享课题研究成果

（三）教师参加各项比赛进步大

政府在职业教育发展中的统筹和主导作用非常重要。政府发挥统筹职能，与社会有关部门积极配合，营造良好的职教发展环境，能为职教大发展提供良好的平台。发挥地方政府的统筹职能的重点是出台有效政策，制定能吸引留住教职工的改革措施和实施办法，尤其要出台面向企业招聘专业技术教师的渠道政策，加强"双师型"教师队伍建设。经济欠发达地区特别需要出台一些提高"双师型"教师福利待遇的优惠政策，才能吸引及鼓励更多优秀的"双师型"教师从事职业教育，解决贫困地区普遍缺乏"双师型"师资队伍的问题；通过整合、优化职业学校资源，解决城乡教育资源不平衡问题。经济欠发达地区中职学校从关爱、认可、满足教师的需求出发，为教师创造条件，能更好地调动教师工作的积极性。融入企业有效的精神激励，能够在教师队伍中形成具有企业特色的组织道德和组织风气，塑造积极向上的企业文化氛围，进而潜移默化地推动每一位教师做出良好的自我约束、自我激励行为，创造出更多教学成果。

以河池市职业教育中心学校为例，学校拓宽面向社会招聘专业技术人才任教师的渠道，加强"双师型"教师队伍建设。学校给教师带去满足感、成就感和荣誉感，让教师产生深刻的认同感，自觉地与学校形成同甘共苦的共同体，从而凝聚人心、形成合力。正确引导教师进行职业生涯规划，认真分析青年教师的专长，日常活动中尽量给青年教师创造展示机会，让领导和老师们发现青年教师的优点和特长，能够有更多的机会发挥他们的潜能，创造更高的价值。通过公开课、探讨课等形式为青年教师的成长搭建快速成长的舞台，老中青教师间相互观摩、增进了解、取长补短，达到互相学习、共同研究、整体提高。引入行业、企业专家指导实践操作技能，以"竞技"的理念加速提高教师团队的综合素质。人事部门依照国家和自治区规定标准适时核定公办职业学校教师编制，建立灵活的教师队伍管理体制，切实解决职业学校教师短缺问题；研究制定非实名制编制教师同工同酬的待遇政策，建立健全职业院校教师激励机制，学校面向社会招聘专业技术人才任教师的渠道，对学校急需的高技能人才，可放宽年龄、学历要求，鼓励外聘能工巧匠到学校任教；校企共建"双师型"教师培养培训基地，建立"双师型"教师信息化资源库，实现"双师型"教师共享机制。近两年来，师资队伍综合素质提升很快，专业教师参加优质课、公开课、信息化大赛等成绩突出。2017年在全国信息化教学比赛、教师技能比赛中获二等奖7项、三等奖1项；在广西信息化教学比赛、教师技能比赛中获一等奖2项、二等奖3项、三等奖6项。

（四）教师指导学生参加各种比赛成绩突出

以河池市职业教育中心学校为例，会计专业建设中非常重视对会计专业学生基本技能的训练和培养，把财会人员必须掌握的五大技能即珠算、点钞与验钞、财会数码字、记账和财务软件操作，作为学生培优训练的重要内容，并通过定期开展珠算、财务软件操作技能等比赛活动，促进学生业务技能的学习和提高。学校积极组织会计专业学生参加地市级、自治区级的各种比赛，均勇夺奖项。学校还拨出专款奖励参赛选手及带队教师，以带动学生专业学习兴趣，提高教育教学质量，不断推进专业改革与建设。教师们将课程改革与技能大赛紧密结合，牢固树立严谨教学、规范操作的教学思想，通过汲取技能大赛内容和标准，对原有教学项目进行改造、提炼，转化为教学项目，不断补充和完善项目课程教学，创新教学方法，因材施教进行分层次模块化弹性教学，推进竞赛内容的普及化教育，实践证明改革是有效的。特别是组织学生参加技能竞赛方面成绩特别突出，从2010年首届全区会计技能比赛开始到现今，实现了获奖等级从三等奖到一等奖，技能水平从低到高，总体获奖总数从少到多，名次由低到位居全区前列的变化。

四、专业社会化服务效果好

校企合作长期以来都得到人们的高度重视，但是政行企校四方在管理上多数都只是"孤岛"式的，从未实现政行企校四方联动管理。随着会计变革、智能化的发展，会计专业知识培训社会化，培训的对象具有极强的普及性,其所处行业、领域覆盖了整个社会。基层是社会上想要从事会计岗位的学员、广大会计从业人员、企业其他管理人员及基层财政干部,上层可至行政、事业、企业、行业管理者等,会计专业社会化服务同样需要政行企校联动才能快捷有效。

以河池市职业教育中心学校为例,政府主导、行业指导、企业参与、校企广泛深度合作,建立有效的四方联轴运行合作办学机制,促进社会化服务取得成效。在政府主导下,校企行成立河池市职业教育集团,共同构建以广西现代职业技术学院为龙头、河池市职业教育中心学校为骨干、各中职(中专)学校为支撑的现代职业教育体系,加强县级职业技术学校办学能力建设,为"党建+扶贫"助力,为河池市的脱贫攻坚工作做贡献。如在河池市政府政策扶持下,可对贫困家庭、下岗职工、残疾人等就业困难群体进行免费培训,以实现零就业家庭动态清零。还及时实施大众创业万众创新,落实创业优惠政策,扶持失业人员、农村劳动力、高校毕业生、转业退役军人等各类人员自主创业,定期举办就业援助月、"春风行动"、民营企业招聘周、高校毕业生就业服务月等专项就业服务活动培训。

学校充分发挥示范校建设成果的辐射作用,积极开展社会培训、职业技能鉴定、技术服务等。2009年,学校成为自治区贫困村劳动力转移培训基地。2013年,自治区人力资源和社会保障厅同意河池市职业教育中心学校设立职业技能鉴定所,极大地拓展了学校的服务功能,提升了学校服务社会的能力。学校是河池市扶贫办、市财政局、市人社局等部门的定点培训机构,每年培训各类职业技能人才5 000多人次,其中学校会计专业也取得了一些成效。由会计行业主管部门——河池市财政局,对企业及社会各类培训资源进行整合,利用河池市职业教育中心学校会计专业师资力量和校内实训基地优势,以会计职业技能鉴定考试中心为载体,继续面向社会、企业进行会计技术培训和会计人员继续教育培训,开展收银员证、会计从业资格证及经济师、会计初中级职称等考证培训。为行政部门、事业单位、企业的员工继续教育，解决他们的本领恐慌，提升他们在新时代所需要的新知识、新技能，实现员工技能升级，实现技能"脱贫"（如图3-7和图3-8所示）。每年完成社会各类培训2 000人次以上，社会服务的到账收入年均10万元以上；组织会计从业资格考试或其他职业资格考试培训200人次以上。由河池市教育局主导，对口支援1所县级中职学校，每年为其进行师资培训2人次；与对口支援的职业学校进行联合培养学生每年达60人次以上。通过对口支援，提升本区域会计专业建设的水平。学校会计专业师生正以饱满的热情、熟练的专业技能服务河池地方经济，促进社会发展。

图3-7　2016年河池市基层财政干部培训合影留念

图3-8　2015年河池市基层财政干部培训班合影

（一）为农村经济提供社会服务

村财乡管村用是在村管公开制度建设中催生出来的一种村级财务

管理模式，通过提高乡镇财政干部综合素质内容的培训，乡镇财政所会计人员能够及时领悟新出台的文件精神，精确解决村集体经济组织的财务会计核算遇到的困难以及对村集体经济组织进行成本核算不适应等问题；同时有利于提升农村会计人员政治素质、业务水平，规范农村财务管理工作，有效地堵住村级财务乱开支、乱举债漏洞等，使农村不合理开支明显下降，促进党风廉政建设。

以河池市职业教育中心学校会计专业为例，与财政局合作，由学校提供场地及师资，按照《会计法》《村集体经济组织会计制度》《会计基础工作规范》等规定加强对代理会计的政策培训、职业道德教育，按照"服务主体多元化、信息需求多样化、管理手段电子化"的新形势会计工作需要，加强代理会计人员专业知识和操作技巧的业务技能培训，让乡镇财政所会计人员熟悉有关法规制度的规定，对经济业务处理的合理性、合法性做出正确的分析和判断，熟练掌握会计电算化操作。教育会计人员爱岗敬业、诚实守信，以文明的服务态度、强烈的服务意识、优良的服务质量做好代理会计核算工作，促进会计队伍创新争优和提高工作积极性。培训内容事前先征求项目主要负责人对农村财务管理的意见和建议，拟定好提纲后再由项目主要负责人反馈给各乡镇的农经干部和部分村会计，广泛征求意见，做好培训计划，整理、完善培训内容，切实做好农村会计培训工作，落地规范和加强村级财务管理，维护村民合法权益，促进农村经济发展，努力为适应社会主义新农村建设服务。

以"政行企校"四方联动合作机制为特色的河池市电子商务学院为平台，依托河池市的"党旗引领·电商扶贫"模式，利用学校和电商企业的技术、人才及平台优势，积极参与构建农特产品展示与微信公众号、淘宝店为一体的线上线下营销体系，达到促进产销对路，提升农户和合作社抓好产业发展的积极性，实现"爱心扶贫随时参与、以购代帮即买即帮"的扶贫助困目标，也有助于为合作单位输送理财人才及实用型电商人才。利用电子商务为企业、农民工提供培训机会，会计专业教师为农民工传授一些财务基本技能知识，让他们了解一些基本的财务知识，会个人理财，懂得果园、农庄等整个收支流程，为他们自主创业、走向致富之路做好辅助，为脱贫攻坚助力。

（二）为在职财务人员提供服务

会计人员继续教育是会计管理工作的一个重要组成部分，是会计队伍建设的一项重要内容，对会计人员保持和提高业务素质、职业道德水平等有着重要的促进作用，是提高会计人员职业道德水平的有效途径。会计人员继续教育十分重要，财政部早在1998年1月就发布了《会计人员继续教育暂行规定》。学校借助国家相关政策，统筹规划、合理布局，建立符合实情并与国家总体方向一致的会计人员继续教育体系和运行机制，将会计人员继续教育逐步做到制度化、规章化，提高财务人员的政治思想素质、业务能力和职业道德水平，更好地适应社会主义市场经济发展要求。

根据财政部《会计行业中长期人才发展规划（2010—2020年)》和《广西壮族自治区中长期人才发展规划纲要（2010—2020年)》的贯彻实施要求，结合广西会计行业人才发展实际，加强会计队伍梯队建设，深化企业、行政事业、学术、注册会计师等四类会计人才的培养，为财务人员提供服务，能有效提高会计人才服务河池市经济社会发展的能力，促进会计行业的发展。广西壮族自治区人民政府决定从2015年6月1起，对校企合作领域实行税收优惠政策。2016年5月1日起，河池地税系统全面推开"营改增"试点。为了保证"营改增"能安全过渡，防范日常操作风险，河池各地开展"营改增"政策的社会培训、技术服务。在日新月异的经济发展时期，每年都有新知识，每天都有新内容，为帮助会计人员赶上时代的潮流，职业学校在政府主导下，需要完善继续教育的方式和内容，充分利用现代化教学手段，拓展继续教育的开放性、灵活性和适应性，为广大会计人员提供快捷、便利和高效的学习条件。

以河池市职业教育中心学校会计专业为例，学校坚持"做精、做强、做稳、做大"的发展原则，加强与企业深度合作，进一步深化和完善面向财政、税务、金融、保险等组织开展服务的业务模式、技术模式和资源建设模式，研发能够解决学习型组织的多层级管理、多客户统一服务问题，满足百万级在线人数的需要；同时进一步完善学习型组织的资源组织、策划与建设模式，实现资源共享，进一步扩大合作范围。较好地开展为行政单位、事业单位、大中型企业、小微企业等财务人员提供精准的继续教育服务，让财务人员能提高综合素质，更好地适应未来财务人才需求，不会被取代也不会被淘汰。会计岗位培训，可以提升会计人员及管理者的综合素质，可以加强会计人员继续教育的管理，推进会计人员继续教育工作的科学化、规范化、信息化，培养造就高素质的会计队伍，提高会计人员专业胜任能力。

（三）为行业提供知识更新服务

全球化经济的持续深入，互联网信息时代的到来，随之迅速发生变化的企业财务制度、银行业务乃至国家的税务制度和业务要求等，都对当前我国财经领域内的各类组织及管理部门（财政局及其管理下的企业财会从业者，银行、保险等金融机构以及政府的税务部门）提出了一个严峻的挑战，即如何在瞬息万变的信息时代，帮助从业者适应不断变化创新的业务要求，掌握不断更新调整的法规政策，提升从业技能，以应对财会、金融业务迅速发展变化带来的挑战。因此，面向财经从业人员开展继续教育是应对社会发展的必然选择。

认真学习深入贯彻全国教育工作会议精神和《国家中长期教育改革和发展规划纲要（2010—2020年）》《国家中长期人才发展规划纲要（2010—2020年）》，落实《国民经济和社会发展第十二个五年规划纲要》关于"加快发展继续教育，建设全民学习、终身学习的学习型社会"的要求，大力提升继续教育服务国家发展战略的能力，教育部下发《关于加快发展继续教育的若干意见》。2018年，全国会计继续教育新规定要求继续教育的对象不仅仅指具有取得会计从业资格的人员，不管是否持有会计证，只要从事会计工作都需要参加继续教育，可见会计行业继续教育人员不会减少。

以河池市职业教育中心学校为例，学校会计专业教师通过会计实训基地，为会计职称、从业资格考试培训提供良好软件、硬件学习环境，为会计、税务、金融、市场营销、电子商务、物流等行业开展靶向的专业知识更新服务。近5年来，会计专业教师为河池市不同行业的会计人员传授新会计制度知识和解决新旧会计制度衔接问题，帮助广大会计人员及时更新掌握会计知识，懂得如何按照新会计制度进行账务处理，明确会计专业发展方向，满意度达92%以上，深得行业好评。以河池市财政局投资成立的校内会计考培中心为平台，承办河池市会计人员后续教育培训及会计职称考试，年均培训、考证分别达2 200多人次；以校内实训基地为平台，开展收银员及会计考证培训，分别达807、695人次。根据知识经济社会发展的必然趋势，社会对于会计人员的高度重视与严格的职业诉求，会计行业对人才要求也越来越高，并且会计行业已经开始和其他的专业慢慢融合从而产生了很多新职业，会计领域为从业者提供了不断变化且富有挑战性的工作，校企共同研究开展行业多样化的人才培训，共同创新教学方法，充分调动行业人员的主观能动性和学习兴趣，将学习本身变成一种社会能力，精准定位行业人员参加社会培训的目的，提高他们自主学习社会化的能力。教师在培训中不仅要传授知识，更重要的在于咨询，解决日常学习、工作中的实际问题，提高行业服务水平。

（四）为想从事财务工作的人员服务

随着我国经济发展步伐的加快、改革开放的不断深化、会计证的取消、初级职称的变革、会计制度的日益完善以及社会对于会计人员的高度重视与严格的职业诉求，以机器人为代表的人工智能逐渐进入人们的视野，财务岗位受到冲击，对想从事财务工作的人员掌握未来会计环境变化后如何胜任财务岗位工作能力要求尤其重视，零基础开展新会计员的岗前培训，提高会计人员技能水平的在职培训，都需要专业化、系统化。

河池将充分促进就业创业，激励大众创业，支持高校毕业生、返乡农民工、下岗失业人员自主创业等，这将有利于河池小微企业的发展，对财会人员的需求也会越来越多，这为会计专业的社会化培训服务提供了契机。以河池市职业教育中心学校为例，学校会计专业根据

《河池市国民经济和社会发展第十三个五年规划纲要》的要求，首先，在政府主导下，校企行合作，完善经济欠发达地区的会计培训机构较零散、培训质量不高，管理上多数都只是"孤岛"式的，无规范化、科学化、信息化的管理体系。其次，学校加强与行业、企业合作，抽出优秀教师组成专业社会培训团队进行社会化培训，改变了之前经济欠发达地区面授地点普遍存在师资匮乏、办学条件较差，甚至某些培训机构为了追求经济利益，不讲究培训质量，培训效果不理想的缺点。再次，通过专业知识渐进式的社会化培训，学员及时获取实务操作和一些企业财务战略布局方面知识，懂得更多，会得更多，才能帮助企业完成更大的扩展，才不会被取代更不会被淘汰。

（五）依托会计服务公司为企业服务

近年来，我国积极推进的商事制度改革与双创政策形成了叠加效应，在全国掀起新一轮创业创新热潮，小微企业继续保持快速增长态势。经济欠发达地区在惠企政策的大环境下，小微企业的数量也逐年增加，需要的财务人员也相应增多。许多刚成立的小微企业，由于老板对财务工作的认识度、重视度、理解度不够，普遍注重业务大于财务，所以对招入企业的财务人员资格要求不高，因此财务人员的工资收入也相对较低。虽然小微企业的业务量不大、账务处理难度小，但是由于财务人员流动性很大，几乎每年至少更换 1~3 位会计，账务方面出现问题较多，账务记录不连续、不完整、乱等现象普遍存在。很多小微企业愿意选择代理记账公司来帮助自己的企业完成会计所负责的一切业务。与代理记账服务公司合作，代理记账服务费用比录用会计人员的费用低很多，代理记账服务费用标准一般 500 元起价，尽管是根据企业性质、规模、行业、业务量、是否上门服务和客户要求，以及代理记账公司的客户定位、会计水平、会计质量等不同而异，但是最终还是比招聘一名最普通的会计需要 1 500 元以上的报酬低很多，又不用考虑在工资之外还要缴纳养老、失业、医疗、公积金、生育、工伤等社会保险或综合保险，发生意外，还有劳保等一系列劳动用工方面的费用支出，有的企业还要考虑吃住、福利等，同时还能享受品质更高、更专业化的财税服务。代理记账公司为"第三方"机构，与企业没有过多密切接触和复杂关系，同时有行业规范和行业信誉制约，更有利于保守企业经营机密。代理记账公司有专人审核报税，能有效避免因不熟悉税法，出现误报、漏报、迟报等差错和损失，还可在代理记账委托协议中约定相关责任。

以河池市职业教育中心学校为例，学校会计专业在示范校建设期间，由学校提供场地，广西友缘科技有限公司投入资金，成立河池市职业教育中心会计服务公司（如图3-9所示）。这是一所生产性会计实习基地。可容纳16个实践工作岗位，主要承接中小微企业会计外包业务、社会各种考证培训业务、学生对口顶岗实习等。以"校中厂"——会计服务公司为平台，为河池市嘉友电器有限责任公司等30多家企业进行代理记账服务，拟与市直地方税务部门合作，代理3 000家小微企业税务评估与报税业务。开展对外技术服务8项，针对性地为社会职业教育、企业财务管理解决各种难题。引入两家企业真账进行会计电算化教学改革及顶岗实习，企业真账引入校园，学生可以真账实做，既解决会计专业学生工学结合培养教育的需要，又确保学生融入社会更具有竞争力。同时为会计专业教师和学生提供服务地方经济的机会，为振兴河池地方经济提供人才帮助。依托会计服务

图3-9 学校会计服务公司学生顶岗实习场景

公司为多家企业财务人员强化业务培训的同时,还为小微企业的管理人员提供经济类职称升级的培训、廉政警示教育和继续教育等,及时为企业管理者答疑解惑,促进财务人员综合素质和业务水平不断提高,有利于提高企业整体财务管理水平。

五、辐射带动专业群建设

以"工学结合"为切入点,校企深度合作,创新会计核算真实工作环境和氛围,到2018年12月,建成集教学、培训、生产和技术服务于一体的区内领先、全国一流的示范性、共享型、校企一体化的校内实训基地。以实训基地为载体,充分利用专业教学和业务技术优势,面向社会进行技能培训、考核与鉴定等,充分发挥实训基地的社会化功能。与市场营销、物流服务与管理、电子商务专业共享师资及教学资源,有效带动了专业群发展。

以河池市职业教育中心学校为例,河池市职业教育中心学校会计专业是国家示范校建设重点建设专业之一,专业实训基地实训设备先进、实训条件一流,是河池市集教学、培训、职业技能鉴定和技术服务于一体的会计技能型人才培养基地。会计专业的社会知名度和影响力不断提高,区域示范和辐射作用明显,深受县职校、企业好评。政府主导,行业协调、校企合作,总结会计专业的社会化培训经验,辐射带动市场营销、电子商务、物流服务与管理等专业的社会化培训。

2016年,会计专业特色实训基地建设结合财经类专业群的共性,建设了3个综合性特色实训基地,图3-10为学校会计专业财经商务实训中心,图3-11为学校ERP沙盘模拟实训室,图3-12为学校财经综合技能实训中心,更好地为财经类专业的人才培养和社会化培训提供专业化服务。近几年来,会计专业人才培养、课程体系改革、师资队伍建设、实训基地建设等方面获得了一些经验,在引导财经商务教学部市场营销、电子商务、物流服务与管理专业制定人才培养方案、教学实施方案、进行课程体系改革方面取得一定的成绩。通过示范课、公开课形式方便教师在教学理念和教学方法上进行探讨,指导市场营销、电子商务、物流服务与管理等专业进行教学改革。

图3-10　学校会计专业财经商务实训中心

图3-11　学校ERP沙盘模拟实训室

图3-12　学校财经综合技能实训中心

会计专业学生在市级、区级技能比赛中成绩突出,极大地鼓舞学校市场营销、物流、电子商务专业师生学习技能热潮,教与学呈现"比、学、赶、帮、超"新局面。市场营销、物流服务与管理、电子商务专业学生参加全区技能比赛不仅实现了零的突破,还取得了可喜的成绩:2017年河池市大中专院校技能比赛电子商务专业学生、市场营销专业学生共获得一等奖2项、二等奖3项、三等奖4项;2018年参加广西职业院校中职组沙盘模拟企业经营赛项获得一等奖;中职组电子商务技术赛项获得二等奖。

河池市职业教育中心学校会计示范专业在取得成绩的同时,积极带动辐射县级中职学校发展。结对帮扶都安县、宜州市等两所县级中职学校,通过公开分享本专业的优秀教学资源,帮助两校教师提升技能和相关专业发展;对口帮扶都安县职教中心的会计专业建设,先后派4名骨干教师到学校交流、授课,为其培养骨干教师4名、学生60多人,该校做法受到广泛好评。

六、服务地方经济

会计专业社会培训、技术服务工作是依托社会的需求而开展的,需要加强社会各界的联系、沟通并且建立良好信任关系,才能更好地为社会提供全方位服务。政府各部门的政策支持,颁证渠道的畅通,行业的积极协调,学校企业以培训学员的收获和操作能力为标准进行综合评估,为通过考核的学员颁发证书,提高培训方的声誉,进一步发展自身的优势,取得社会各界的认可和信任,为社会化培训发展开拓可持续发展的新空间。

以河池市职业教育中心学校为例,其会计专业通过校企深度合作共同建成河池市集教学、培训、社会服务于一体的技能型人才培养基地。学校明确会计专业社会培训、技术服务目的是满足社会飞速发展过程中学员更新知识和掌握专业技能的需要,学校会计专业在1979年就开展了对会计人才的培训工作,取得了良好的社会效益和可观的经济效益,充分表现出河池市职业教育中心学校对社会培训、技术服务的深刻认识。2017年完成会计专业特色实训基地建设后,实训基地面积由原来的1 480平方米增加到1 960平方米，实训工位由原来的424个增加到692个。会计专业社会化培训基地设施齐全，会计专业实训实习基地实训设备先进、条件一流，是区内示范性、共享型、校企一体化的校内生产性实训基地。在职业教育集团的支持下，总结会计专业社会培训、技术服务的经验，辐射带动学校财经类其他专业利用专业教学和业务技术优势，面向社会进行技能培训、考核与鉴定等，充分发挥实训基地的社会化功能，拓宽企业参与职业教育的领域和深度。每年开展河池市会计人员继续教育培训2 000多人次，面向行业企业开展收银员及会计从业资格考证培训350多人次，两年来，会计专业累计为各行（企）业培养综合高素质技能型人才539人。

第二节　形成专业特色

一、"学业职业融合"理念

学业通常是指一个人为了成长与发展的学习历程，职业通常是指人们在社会中所从事的作为谋生手段的工作，学业与职业融合是指一个人以自己选定的职业为导向不断学习，并用习得的知识、技能、态度、能力等不断调整、改进自己的工作和生活方式，从而提升自身职业能力、生活能力的过程。人的生存与发展是通过从事相关职业实现的，人的生存质量由职业及其职业能力所决定，学业与职业融合是职业教育的必然属性。

会计专业在办学理念方面秉承学业职业融合理念，坚持"专业教育与会计职业岗位能力/执业资格认证教育兼顾融合"的理念：在专业人才培养方案的编制上，紧密围绕行业和职业岗位的需求，积极聘请行业专家、课程专家，与学校骨干教师共同研究设计、合理编制，对接地方中小微企业需求培养会计技能型人才；专业能力要求兼顾国家会计从业资格考试（2017年之前）、会计职称考试科目导向；收银员证（2017年之前）等职业资格证书作为毕业条件之一；在专业课程体系上，以工作岗位群为目标，以职业能力为主线，以工作任务为驱动，以工作过程为基准，以项目实施为载体，以灵活多样的教学方法为手段，形成"岗位引领、任务驱动"的项目式课程体系，突出会计职业"成才"能力及"成人"道德素养；专业方向课程对接地方行业会计；创新实践学业和职业"双业"融合的人才培养新机制。

按照职业岗位的实际需求和企业的实际工作场景建设专业实训室，在实训设施建设上科学建设数量足够的理实一体化教室，切实做到教室与实训室合二为一，以满足学生边学习边实践，理论学习与技能训练同时进行的双重需求。在教学过程管理上，引导学生将学业与职业融合，按职业岗位要求组织、呈现课程内容，广泛推行项目教学、主题教学、案例教学、场景教学、模拟教学等适用性的教学活动。强化文化基础课、专业综合课、专业技能课等多方面学业水平测试，将学生的学业过程评价和学业水平测试有机结合起来，从而提高了人才培养的针对性和有效性，确保了人才质量的全面提升。

二、"四层双轨"递进教学

以河池市职业教育中心学校为例，学校会计专业根据"递进式"工学结合人才培养模式的要求，以适应"收银员""出纳员""会计员"三个岗位逐级递进职业能力的需求为主线，与合作企业共同研究、制定各岗位课程标准，改变教育观念、构建基于岗位职业能力需求的模块化课程体系，形成了"四层双轨递进"系统化教学模式。

基于岗位职业能力需求课程体系，会计专业核心课程在教学安排上，按"基本技能实训""会计岗位实训""会计综合实训""企业顶岗实习"四个实践层次，以"手工模拟"与"计算机模拟"双轨递进实施教学；在教学方法上，以会计工作过程为导向，推行项目教学法、角色扮演教学法、案例教学法、情境教学法等，采用多媒体、虚拟教学等多种教学手段，全面提高教学质量。

会计专业的教学实践内容注重与工学相结合，坚持"以就业为导向"的职教理念，强调学生经过校内学习、顶岗实习两个阶段后，临近顶岗实习前特别注重开展岗前综合性模拟模块的强化训练，有助于帮助学生深化专业知识和提升专业技能。课程教学方法满足课程教改内容、利于因材施教；课程教学手段服务于课程教学方法，素质教育贯穿于整个教学过程。教学方法上实现从"教师教，学生学"（一言堂、满堂灌）到"教师教，学生学"（启发式、讨论式），以学生为主的教学方法的转变。教学手段上实现从"一本书，一支笔，一块黑板"原始教学手段向多媒体教学技术、计算机辅助教学技术、网络资源等现代化教学手段的转变。扩大课堂教学信息量，突出中职特色，提高课堂教学效果。

三、工学顶岗就业结合

"工学结合"是指学生在企业实践与在课堂学习的有机结合；"顶岗实习"是指学生一部分时间在学校学习基础理论知识，一部分时间由学校统一组织到企业实习的一种学习方式。两种活动之间不是截然分开的，而是"学中做，做中学"。这种办学形式既是国际上的普遍规律，又是我国的职教特色。"顶岗实习"是指学生在校外生产实习基地，从事与企业员工一样的生产实践工作，承担工作岗位规定的责任和义务，并获得一定实习报酬的活动。顶岗实习是培养学生良好的职业道德、职业技能和工作作风的主要途径，是使学生由课堂和学校走向就业和职业岗位的重要桥梁。顶岗实习能帮助中职生树立正确的立业观和择业观，适应市场，顺利就业。顶岗就业结合，学生能提前了解社会、认知自我、转变观念、准确定位，增强岗位意识和社会经验，在就业过程中快速适应就业市场的要求，在短时间内找到适合自己的岗位。

职业教育是就业教育，是"学做结合"的教育，教学过程与生产过程对接，实训课堂贴近实际工作。开展"工学结合、顶岗就业结合"，学做用融为一体，不仅能解决专业对接产业、教学贴近实际工作的问题，还能解决业岗融合问题，是遵从职教规律、凝练发展特色、提升办学水平、增强育人能力和服务社会能力的必由之路。经济欠发达地区中职现行的职业教育人才培养模式与社会发展需求不相适应，职业学校教育教学与企业对接不够，学生毕业上岗不能顶岗，职业教育还出现"就业难"和"技工荒"等问题。社会需求是职业教育发展的最大动力和方向，对于以培养工程、生产第一线应用型人才为主的中职学校来说，更需要转变教育观念，改革人才培养模式、教育手段与方法。中职学校在教学过程中要更多的以社会需求为导向，紧密联系企业等用人单位，做好社会调查，适当地开设与规范"工学结合"的课程。

以河池市职业教育中心学校为例，其作为国家重点示范中职学校和广西重点示范中职学校，在工学结合的人才培养模式方面的探索有其独到之处，学校会计专业以工学结合为指导，对工学结合的人才培养模式的探索取得了明显进展，但仍存在问题，主要表现在人才培养的效果与市场需求存在差距。原因多方面，主要还是需要学校和企业密切配合，建立校企合作的有效教育机制，建立严密的实习指导和管理体系，特别是"顶岗实习"这一环节，不仅要注重技能训练与应用，也要关注更新相关知识和人文素养的融入，以促进学生综合素质的发展。学生在顶岗实习的管理中，实行由班主任、指导老师、企业师傅组成的"三导师制"，由学校派出专职实习指导教师与班主任，在各个实习基地巡视指导，学生通过实习反馈进行总结，以检验实践与理论相结合的有效性。学校顶岗实习与就业结合，对3年学制进行科学分配，即校内学习2年、顶岗实习1年、校内岗前强化0.5年的人才培养新机制，顶岗实习期间根据企业与学生双方需求，学校推荐部分学生直接对口就业。坚持"顶岗就业结合"的方略不动摇，全面提升学生的职业能力、职业素养，强调做人的准则，学校、会计行业、企事业用人单位共同评价学生，共同提高学生的就业质量。

四、政行企校联动

经济欠发达地区经济基础薄弱，财政收入不高，政府部门未能在国家政策许可的范围内，根据地方的实际情况，及时出台有利于职业教育发展的有关文件；学校也无法形成有效的政行企校合作运行机制，政府行业职能部门对"校企合作"的组织领导、统筹协调、监督保障等宏观调控作用力度不够，特别需要政行企校四方联动，共同协作职教扶贫计划、完善生均经费及学生资助制，共同制定激励机制提高社会捐赠的积极性，实现多渠道筹措经费、统筹部门培训资源，开展社会化培训，实现脱贫攻坚重任。校企合作是办好职业教育的根本途径，"政行企校"四方联动，有利于企业和院校的可持续发展，促进职业教育步入健康有序、良性发展的轨道。在校企合作中，充分发挥政府的统筹和引导作用，有利于促进职业教育良性发展。政府建立完善的校企合作制度保障体系，能确保校企合作顺利实施；政府还可以通过统一立法、出台政策、资金投入等方式，调动企业的积极性，完善职业教育的体制机制，从整体上推动校企互动，提升工学结合水平，例如给予合作企业税收等优惠政策，并对绩效好的企业予以奖励，以有效激励企业参与职业教育活动，保护和激发双方参与校企合作的积极性。行业发挥作为企业代言人的整体优势和聚合功能，起到"联络和沟通教育界和职业界"作用，即"桥梁"和"纽带"作用，有利于搭建校企合作平台。有了政府主导、行业协调，学校和企业才能积极参与、深度合作、互相支持、互补优势，不断实现自身的价值，增强核心竞争力，立于不败之地。

校企间能够制定科学、规范、操作性强的校企合作规章制度，明确双方的责、权、利，确保合作科学、规范、高效、健康地发展；还能建立激励制度，鼓励和奖励教师与企业开展应用研究与技术开发，鼓励学校与企业开展广泛深入的合作，不断提高专业教学和科研水平，为提升应用型人才培养水平打造过硬的师资队伍。政行企校共同增强全民办职业教育的观念是关键。在社会层面，对职业教育有偏见，对职业教育的地位、作用缺乏应有的认识。部分家长依然只把子女上普高升大学作为跳出"农门"的唯一出路，认为上职校低人一等、没有前途。重学术轻应用、重普教轻职教的思想观念还在教育界和社会上有一定的影响。在当前经济形势下，我国对高技能人才的需求日益旺盛，我们要转变"重知识轻技能"的观念，转变对中等职业教育的偏见，为职业教育的发展提供一个健康的环境。只有职业教育的价值得到认可，职业教育才能获得足够的财政性资金来源以及其他社会性资助，才能有比较大的发展，从而满足经济和社会发展对高技能人才的需要。

以河池市为例，河池市的职业培训涉及人社、财政、农业、林业、科技、扶贫、移民、妇联、团委、残联等多个领域和部门，除人社部门开展的就业技能培训和创业培训外，还有市委组织部开展的农村党员技能大培训，团市委开展的青年职业技能大培训，市妇联开展的妇女技能培训，农业部门开展的新型职业农民培训等多个培训项目，呈现"政策不统一、部门不统一、标准不统一"的状态。由于政出多头、缺乏统筹，在实际执行的过程中，部分经费审批重复、部分项目重复、部分培训对象交叉，出现"政策累加、优惠累加"的现象，使得部分人群能重复享受多项补贴，造成新的社会不公和公共资源浪费。随着经济的发展，河池市对中职教育的投入虽然在不断增加，但经济欠发达地区财力有限，且相对其他类型教育而言，政府财政投入中职教育的资金明显不足，高昂的学杂费用绝大部分仍由学生自己承担。另外，中等职业教育是为经济社会发展提供基础性技能型人才的重要阵地，是我国教育体系的重要组成部分。中职教育属于准公共产品，以政府投入为主，但政府投入、办学规模与培养要求存在一定的差距，教育投入机制不健全，经费投入不足，经费投入效率不高，校企合作机制不畅等种种原因，造成经济欠发达地区中职教育发展缓慢。经济欠发达地区经济发展落后，工业基础薄弱，大型企业数量少，对技能型人才的吸纳能力不强，地方政府对职业教育扶持的能力有限，考虑校企行多方深度合作，共拟人才培养方案，共同进行课程体系改革，共建教材、共享信息资源，共同进行师资队伍建设和特色实训基地建设，服务地方经济等，共同为专业社会化培训服务，共同推进专业建设发展，促进贫困地区职业教育发展。

政府主导、政策支持职业教育。政府可以改变对职业教育投入的方式，以社会机构经营、政府购买职业教育服务的方式，引入市场机制，提供适当的优惠政策，调动企业参与职业教育的积极性，促使行业和企业与中职学校密切合作。如鼓励校企合作办学，进行"订单式"培养，推进产学研一体化。中等职业学校要面向市场培养人才，从而鼓励社会积极捐赠，建立相应的基金会，储备教育基金等。贯彻落实国家、自治区促进职业教育发展的财政政策，县级财政部门将征收并用于职业教育的"两费附加"资金，按50%的比例上缴市本级财政部门，由广西现代职业技术学院在职教集团内部统筹使用，主要用于建设与河池产业发展相匹配的骨干专业及实训基地。在河池市政府政策扶持下，由河池市职业教育集团实施面向贫困家庭、下岗职工、残疾人等就业困难群体的免费培训，以实现零就业家庭动态清零。还及时实施大众创业万众创新，落实创业优惠政策，扶持失业人员、农村劳动力、中高职及高校毕业生、转业退伍军人等各类人员自主创业，定期举办就业援助月、"春风行动"、民营企业招聘周、中高职及高校毕业生就业服务月等专项就业服务活动培训，职业教育可更好地为"党建+扶贫"助力，为河池市的脱贫攻坚工作做贡献。

第三节　建成会计专业群贯通的实训基地

一、建成会计专业群课程相互渗透

河池市职业教育中心学校以财经大类为专业服务的总方向，校企合作建成了以会计专业为龙头，由电子商务、市场营销、物流管理专业组成的专业群，形成了各个专业方向有机联结、相互渗透、开放共享的课程体系。会计专业群各专业课程的渗透关系如图3-13所示。

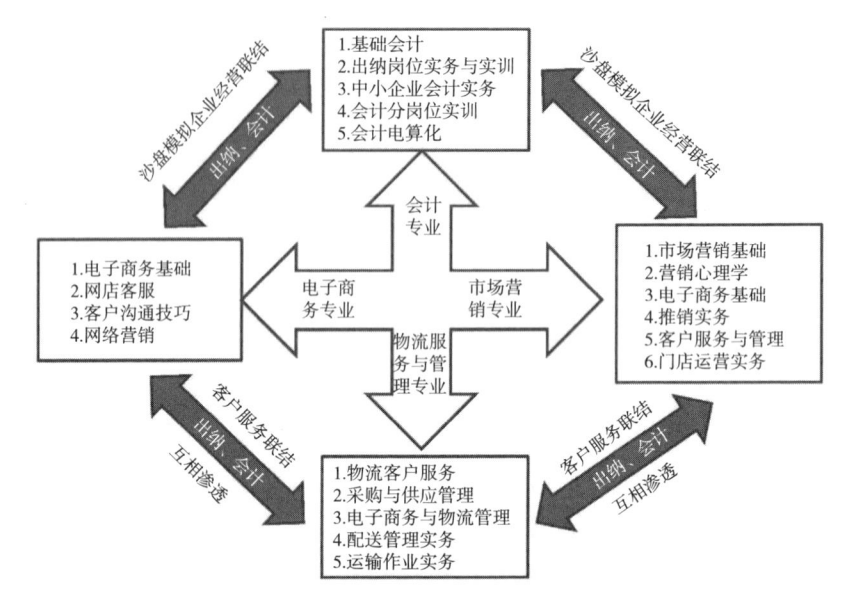

```
                    1.基础会计
                    2.出纳岗位实务与实训
                    3.中小企业会计实务
                    4.会计分岗位实训
                    5.会计电算化

                          会计
                          专业

1.电子商务基础       电子商           市场营          1.市场营销基础
2.网店客服          务专业           销专业           2.营销心理学
3.客户沟通技巧                                       3.电子商务基础
4.网络营销           物流服                          4.推销实务
                   务与管                           5.客户服务与管理
                   理专业                           6.门店运营实务

                    1.物流客户服务
                    2.采购与供应管理
                    3.电子商务与物流管理
                    4.配送管理实务
                    5.运输作业实务
```

图 3-13　会计专业群各专业课程的渗透关系

　　会计专业群各专业核心课程相互渗透，开展互为关联的多模块教学实践，企业文化进课堂，实现"上学即上班""校内实训＝校外实习"，提高实习质量，有效解决由于会计职业保密性及贫困地区多为小微企业，学生批量对口实习难的问题。核心课程相互渗透的会计专业群的建成，有利于中高职院校专兼职教师共同在共享型综合实训基地内开展互为关联的多模块教学实践，学生不仅能胜任小微企业各级岗位工作，还能有效提高其综合能力，升学后学习能力强。"多模块"教学形式要求各专业教师间相互学习，教师资源互通有无，双方职业技能提升快，有利于教学的同时也利于开展社会培训。

二、建成跨专业共享的综合性实训基地

　　经济欠发达地区会计专业实训基地建设处于内外交困的境地，实训室、设备数量等都不能满足教学实践需要；政府、行业和企业对实训基地建设的支持力度有限，建设层次不高；缺乏资金扶持，实训基地建设相对滞后，多数教学内容与工作任务不对接，整体实践教学水平不高。由于会计岗位特殊，岗位存在分散性，会计行业要求保密

性，信息化时代企业对会计人才需求发生了变化，不可能有大规模接纳学生实训、实习的单位和企业。经济欠发达地区企业多数规模较小，一个单位无法容纳过多的学生实习，实习经费不足，无法维持实习工作的正常进行，管理难度大。多数企业认为接收学生实习是负担，担心泄露企业商业秘密，一般不太乐意接收学生长期到企业实习，一些企业和单位勉强接待学生实习，往往也是以"礼"相待，实习止于"走马观花"；企业不热情，实习工资低，学生无心参与实习，实习基地不稳定，会计专业学生实习深陷"困境"，流于形式。会计人才培养离不开实训实习条件，校内会计专业实训基地建设是职业教育的特色和灵魂，实训基地建设在职业院校的建设发展中起着举足轻重的作用，迫切需要突破瓶颈，破解经济欠发达少数民族地区，信息较为闭塞，校企深度合作困难大的难题，建设特色鲜明的实训基地，提高人才培养质量。

由市政府相关部门牵头成立的河池市职教集团下的会计专业建设指导委员会指导，河池市职业教育中心学校与企业深度合作，打破原有单技能实训室模式，以打造全新交互化、个性化、沉浸化的学习体验为宗旨，建成会计专业群贯通特色鲜明、跨专业共享的综合性实训基地，实现"场景＋实践＋角色"融合，助力人才培养质量提升。实训基地按高仿真工作环境建设，让学生在高仿真会计工作环境里进行轮岗模拟实训、真账实习实践。一是在财经商务实训中心开展会计不同岗位实训，用企业仿真业务数据和业务流程进行财务处理报表分析等工作，设立银行、工商、税务等实训区，让学生通过实训实践现金转账、税务申报等环节，提高会计专业人才培养的针对性，实现与企业的无缝对接。二是在财经综合技能实训中心开展商务不同岗位实训，实践超市买卖、收银业务数据和业务流程工序，进行财经人才培养。三是在会计服务公司，利用公司代理中微企业会计账目，进行真账实习、实践，解决会计专业人才实习困难的问题。

校企共建的基地中，创新"窗帘文化"，让每一面窗帘都会说话，即在对应岗位后面的窗帘上精心编撰企业对应岗位能力工作流程及能力要求等，营造浓郁的学习氛围，激起求知欲，从而增强学生的职业岗位认知能力，学生能更加明确企业的实际需求，对未来的职业发展道路有更明确的目标，有利于学生能以更加饱满的热情投入今后的学习生活中，有利于培养学生良好的职业素养，提升学生整体技能水平。

利用有限的空间，精心打造了一条特色专业文化长廊，逐一展示了会计发展，让学生从中看到了学校会计专业发展变化的辉煌历程，了解会计发展历史、人才培养课程体系构建、专业建设成果，感受了学校兼容并蓄的博大文化和办学特色。帮助学生开阔视野，展示优秀毕业生的风采，激发学生"今天我以校为荣，明天学校以我为荣"的荣誉感，以及努力为校争光的奋斗热情。

三、实施技能型紧缺人才培养等富有成效

河池市职业教育中心学校会计实训基地建成后，在实施技能型紧缺人才培养方面通过以下途径开展：一是利用会计实训平台，开展应用型人才因年龄老化以及知识和本领恐慌所需教育，每年开展河池市基层财政干部培训、内控培训、税务应用软件培训等不少于300人次，帮助本地应用型人才提高他们的技能水平。二是利用专业群的作用，为本地农村经济发展助力，会计、市场营销、电子商务专业教师到河池电商学院办农村电商培训班授课，为贫困地区培养农村电商经销人才，每年培训不少于300人次。

为适应经济和社会发展对高素质劳动者职业能力提升的需要，会计实训基地除了满足我校学生日常教学实训外，还主动面向社会提供技术培训服务、会计继续教育培训、税务系统知识培训、会计考证培训、电子商务培训、代理记账等技术服务，每年承接校内外培训、职称考试的总规模达10 000人。目前，我校会计实训基地已成为河池市人才定点培养基地。

学校把"为区域经济社会培养具备会计基本理论和实操技能的技能型会计人才"作为自己的历史使命，锐意改革创新，校企共建财经

类综合实训基地，提高了实训基地建设的先进性、示范性，为"递进式"工学结合人才培养模式提供了更为有利的条件，提高了会计专业知名度，有效推进了欠发达地区中职财经类职业教育规模和效益同步发展。

以"工学结合"为切入点，校企深度合作，创新会计核算真实工作环境和氛围的会计示范特色专业实训基地建设，与市场营销、物流服务与管理、电子商务专业共享师资及教学资源，有效带动了专业群发展。以实训基地为载体，充分利用专业教学和业务技术优势，面向社会进行技能培训、考核与鉴定等，充分发挥实训基地的社会化功能。为和宜州区职教中心、都安县职教中心联合办学奠定了基础，为周边的广西现代职业技术学院、广西工贸职业技术学校开设同类专业的职业技术院校提供实验实训条件，培训"双师型"教师，提高整个区域职业教育的可持续发展服务。

四、基地建设的经验

经验一：打破传统单间实训室布局，创新建设共享型实训基地

经济欠发达地区实训基地建设深受该地区经济发展特征的影响，经济基础薄弱，要建设接地气的特色实训基地，必须进行广泛而充分的社会调研，联合行业企业专家积极开拓思路，对接地方产业，紧贴行业、产业发展需求，结合区域实训基地建设，按照统筹规划和"开放、联合、共享、协作"的原则，建设共享性、开放式区域综合性实训基地。如河池市职业教育中心学校会计专业实训基地建设，在充分调研的基础上，在会计专业建设指导委员会的指导下，结合河池产业，对校内实训基地建设进行深入论证及重新规划，打破示范校实践的会计单项实训室、综合仿真实训室的模式，打通多间实训室，建成财经综合技能实训中心（内设有超市实训区、收银实训区、翻打传票实训区、教学区）、财经商务实战中心（内设有财税综合实训区、市场营销实区、电子商务实训区）等两个特色鲜明的财经类多专业共享的真实工作场景的综合性实训基地，从硬件环境上满足了会计专业、市场营销、电子商务、物流服务与管理专业实践教学的需要，实现课堂教学对接岗位工作实际。

经验二：打造以"会计文化长廊+企业文化"为核心的实训室文化

接受企业文化辐射、推进企业文化与校园文化的融合，是实现学生与企业员工无缝对接的重要保证。在进行会计示范特色专业实训基地建设时，通过多种方式将企业文化引进校园，潜移默化地植入工作氛围、管理理念和人文要素等企业文化的核心和精髓，把"教学"与"职业"的两大特色相结合，使"育人"与"用人"两个职能相衔接，才能充分体现校园文化的专业特点和企业特色，为从"学校学生"到"企业员工"的角色转换奠定基础。如河池市职业教育中心学校会计示范特色专业实训基地，在财经综合实训中心建设会计专业文化长廊（内容包括会计起源与当下、学校会计专业前世今生、会计实训室布局、会计教学与实训特点、师生队伍与教科研、学生技能比赛获奖情况、师生荣誉墙、财经商务专业群宣传橱窗等内容），以便新生能更了解学校会计专业的发展及建设成果，激发新生对本专业产生美好认识，更容易走进会计专业。除了将企业管理制度迁移到实训基地的管理过程中外，还充分利用窗帘将对应岗位能力要求、工作流程等上墙，在实施产教结合的过程中，有利于引导学生自觉培养企业需要的职业道德素质和团队协作精神，更好地推进了企业文化与校园文化的有机结合。

经验三：打开"教、培、考、赛"为一体人才培养的局面

校企融合，深化校企协同育人，"以赛就赛"培养高素质劳动者和技术技能人才，让每一个人都有人生出彩的机会。建设"教、培、考、赛"一体化实训基地，全面系统培养和提高学生"业务处理、合作共事、组织协调、语言表达、对外沟通"的能力，提高学生的竞争力。通过比赛，"以赛促建、以赛促教、以赛促学、以赛促改、以赛促用"的思路，达到提高我区职业院校教师教学能力和信息技术素养，促进教师综合素质、专业化水平和创新能力全面提升。河池市职业教育中心学校完成2016年会计示范特色专业及实训基地建设项目后，会计实训基地已成为河池市财政、银行、税务、工商、商务、安监、教育、卫生等部门指定培训、考试的定点基地，是集"教、培、考、赛"为一体的人才培养基地，成为河池市财经职业教育交流与合作的窗口和平台，有效促进了区域会计技能水平的提升，近年来，开展河池市会计继续教育等培训，每年培训2 000人次，开展会计职称培训每年200人次以上，2016—2018年承接河池考区会计职称考试初级6 237人次，中级2 444人次，高级35人次。

经验四：带动专业群的建设

经济欠发达地区会计专业实训基地建设坚持特色发展，充分发挥会计专业对专业群及学校整体发展的引领辐射作用，通过体制机制创新、人才培养模式改革等方面的率先突破，带动学校专业发展水平、人才培养质量、办学水平的持续提升和社会服务能力的不断增强。随着社会经济的发展，社会呼唤高端技能型、一专多能的人才，培养的人才要紧贴行业、产业发展需求，会计专业实训基地建设自然要考虑共享性，因此在建设过程中增加了因为学校长期资金紧缺没有实训室的专业（如电子商务、市场营销、物流管理），带动财经商务专业群的发展，这些专业在招生上由原来不成规模发展到每年招生1~2个班，学生技能比赛由没有获奖发展到参加市级、自治区级比赛获一等奖，实现了质的飞跃。会计专业实训基地建设必须带动专业群建设，让学生在财经商务专业群进行不同岗位的轮训，掌握商贸、物流、营销、经济管理、文秘、行政事务、文化教育等职业岗位必需知识、技能和职业岗位人文素养，毕业生适应能力强，一专多能，就业面广。

经验五：打通社会服务新路子

依托会计专业特色实训基地，广泛开展社会培训，统筹实施培训计划，精准服务培训对象，快速提高受训人员的技能水平。利用示范性建设成果帮扶周边微小型企业，提供专业的财务、税务指导；以会计专业实训基地为平台承接会计外包业务，承担校内外职业技能考证培训任务和承办会计职称等考试。如经济欠发达地区可面向行政事业单位、农村、企业、社区，开展面向区域经济的社会培训；也可以面向企业职工、社会成员及中职毕业生，提供继续教育等服务。

第四节 中高职有机衔接

一、构建中高职一体化人才培养模式

针对产业转型升级市场对会计人才需求发生重大改变，经济欠发达地区会计专业校企合作难深入，中高职衔接流于形式，课程重复，培育人才质量不高，无法服务经济欠发达地区经济等问题，根据深入河池老少边穷山库地区实际情况，河池市职业教育中心学校地处少数民族与深度贫困重合的地区，由市政府相关部门牵头成立河池市职教集团下的会计专业建设指导委员会（校企行加入的），协同制定中高职贯通一体化教学改革方案，探索校企深度合作，构建会计专业"岗位递进式"中高职衔接的人才培养模式（如图 3-14 所示）。中职阶段面向小微企业按收银员、出纳员、会计员等，高职阶段面向中小企业按财务会计、管理会计、会计主管等，侧重专业能力的延伸和提升。政行校企协同推进中高职"教学资源共享、师资队伍共培、专业课程共建、学生就业共管"的一体化办学，搭建了中高职教师培训互通平台，开发中高职衔接的专业标准，开展中高职实训基地共建和共享，有效解决经济欠发达地区中职学校人才培养质量不高的问题。

二、形成中高职无缝衔接的课程体系

政府统筹，行业协调，发挥职业教育集团优势，联合当地优质教育资源合作办学，建立与广西现代职业技术学院为主导的中高职衔接机制，政行校企协同构建会计专业"岗位递进"中高职人才培养模式，从专业教学标准、课程标准等入手，建立基于岗位职业能力的模块化中高职衔接的课程体系（如图 3-15 所示），形成中高职分工协作的一体化课程体系。按递进式岗位对应的模块化课程教学，中职面向小微企业按收银员、出纳员、会计员等，高职面向中小企业按财务

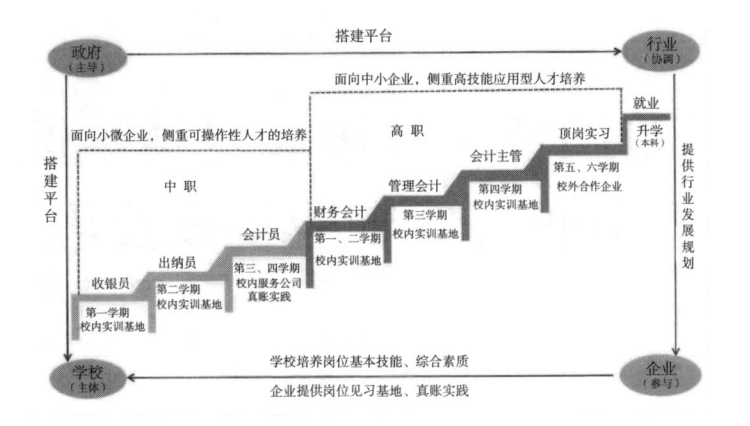

图 3－14 "岗位递进式"中高职衔接的人才培养模式

会计、管理会计、会计主管等，侧重专业能力的延伸和提升，实现中高职的有机衔接，有效解决中高职会计专业课程重复，学生技能停滞甚至倒退等问题，提高了育人质量，增强了支撑产业发展的能力。

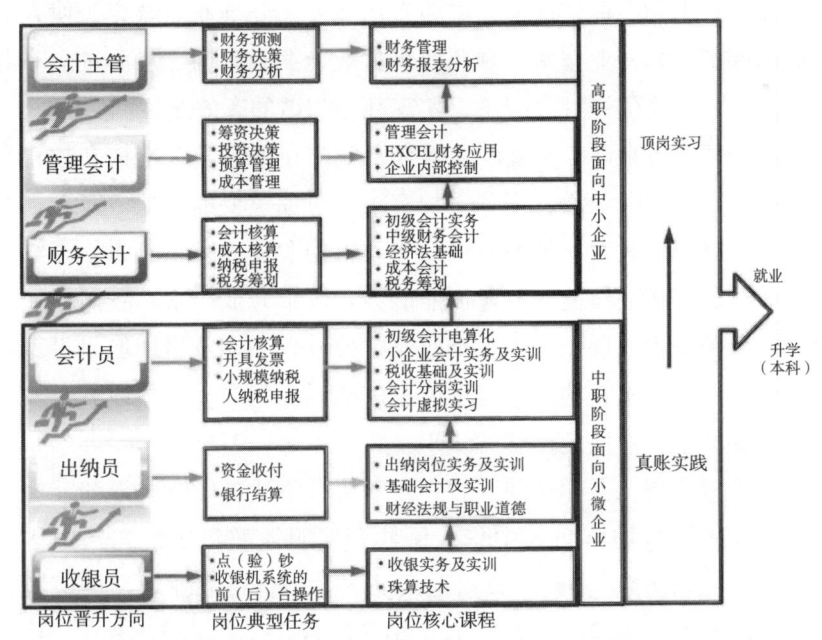

图 3－15 基于岗位职业能力的模块化中高职衔接的课程体系

第四章 经济欠发达地区中职会计专业建设反思

第一节 巧借东风，政府助推

职业教育是面向人人、面向整个社会的教育，其根本目的是让人学会技能和本领，能够就业，成为有用之才。开展职业教育，使人们能够掌握一定的专业技术，顺利实现就业，摆脱贫困，从而过上有尊严的生活，这是促进社会公平、实现社会和谐的有效途径。

党和国家历来高度重视职业教育，要求在整个教育结构和教育布局当中，必须把职业教育摆到更加突出、更加重要的位置。多次强调要大力发展职业教育，加快发展面向农村的职业教育，着力培养学生的职业道德、职业技能、就业创业能力。改革开放以来，我国职业教育事业有了很大发展，各级各类职业学校教育和职业培训取得显著成绩。但是，职业教育的改革与发展也面临一些问题，一些地方对发展职业教育的重要性缺乏足够的认识，投入不足，基础薄弱，办学条件较差，管理体制、办学体制、教育教学质量不适应经济建设和社会发展的需要。为贯彻落实《中华人民共和国职业教育法》和《中华人民共和国劳动法》，实施科教兴国战略，大力推进职业教育的改革与发展，2002年7月28日至30日，国务院召开了全国职业教育工作会议，8月28日印发了《国务院关于大力推进职业教育改革与发展的决定》（国发〔2002〕16号）（以下简称《决定》），明确了"十五"期间职业教育改革与发展的目标、任务和工作思路，对职业教育改革与发展中亟待解决的关键问题提出了具体的政策措施，具有很强的针对性和可操作性。《决定》提出，要以中等职业教育为重点，保持中等职业教育与普通高中教育的比例大体相当，扩大高等职业教育的规模。职业学校和职业培训机构要进一步适应经济和社会发展以及劳动力市场需求，增强自主发展能力，改善办学条件，全面提高教育质量和效益。"十五"期间，职业教育为社会输送2 200多万名中等职业学校毕业生，800多万名高等职业学校毕业生。《决定》颁布以后，各级政府和部门加强了对职业教育工作的领导和支持，以就业为导向改革与发展职业教育逐步成为社会共识，职业教育规模进一步扩大，服务经济社会的能力明显增强。

《决定》的颁布与实施，对我国职业教育的改革与发展产生了巨大的推动作用和深远影响。但从总体上看，职业教育仍然是我国教育事业的薄弱环节，发展不平衡，投入不足，办学条件比较差，办学机制以及人才培养的规模、结构、质量还不能适应经济社会发展的需要。2005年10月28日，为进一步贯彻落实《中华人民共和国职业教育法》和《中华人民共和国劳动法》，适应全面建设小康社会对高素质劳动者和技能型人才的迫切要求，促进社会主义和谐社会建设，《国务院关于大力发展职业教育的决定》发布，要求各级政府把发展职业教育作为经济社会发展的重要基础和教育工作的战略重点，"到2010年，中等职业教育招生规模达到800万人，与普通高中招生规模大体相当；高等职业教育招生规模占高等教育招生规模的一半以上。'十一五'期间，为社会输送2 500多万名中等职业学校毕业生，1 100多万名高等职业院校毕业生"。

《国务院关于大力发展职业教育的决定》发布之后，党中央国务院实施一系列重大举措，不断改善政策环境、制度环境和社会环境，推动中等职业教育改革发展取得历史性成就。如2009年国家启动实施了中等职业教育免学费政策，中等职业教育在经济社会发展大局和教育工作全局中的重要地位更加凸显。中等职业教育改革发展迎来了前所未有的重大机遇。2010年5月5日，时任国务院总理温家宝主持召开国务院常务会议，审议并通过了《国家中长期教育改革和发展规划纲要（2010—2020年）》（以下简称《纲要》），2010年7月29日正式全文发布。《纲要》明确了新时期职业教育的发展方向、目标任务和政策措施。这是中国进入21世纪之后的第一个教育规划，是此后一个时期指导全国教育改革和发展的纲领性文件。2010年11月27日，为贯彻落实全国教育工作会议和《国家中长期教育改革和发展规划纲要（2010—2020年）》，切实增强中等职业教育大规模培养高素质劳动者和技能型人才的能力，大幅度提升其支撑经济发展方式转变、产业结构调整升级、企业生产技术革新、民生改善以及我国参与国际合作与竞争的能力，教育部发布了《中等职业教育改革创新行动计划（2010—2012）》，以形成适应经济发展方式转变和产业结构调整要求、体现终身教育理念、中等和高等职业教育协调发展的现代职业教育体系为中长期目标，落实政府切实履行发展职业教育的职责，总体保持中等职业学校和普通高中招生规模大体相当，把提高质量作为重点，调动行业企业的积极性，加快发展面向农村的职业教育，增强职业教育吸引力。其总体目标是，到2012年，中等职业教育服务国计民生的能力显著增强，保障事业发展的政策、制度和重大机制基本健全，改革创新实现整体跨越，人才培养质量、社会吸引力大幅提升，就业贡献率、经济贡献率明显提高。《中等职业教育改革创新行动计划（2010—2012）》提出，要在"十一五"建设基础上，继续加强中等职业教育实训基地、改革发展示范学校和优质特色学校建设，形成一批优质资源，使更多的学生接受优质职业教育。另外，"支持1 000所国家中等职业教育改革发展示范学校建设，使其成为全国中等职业学校改革创新、提高质量和办出特色的示范，成为国家和区域产业建设、改善民生的重要支撑力量，在中等职业教育改革发展中发挥引领、骨干和辐射作用"。随着国民经济的快速发展，在国家各种职教政策的引领下，我国职业教育事业快速发展，体系建设稳步推进，培养和培训了大批中高级技能型人才，为提高劳动者素质、推动经济社会发展和促进就业做出了重要贡献。

2014年6月22日，为深入实施创新驱动发展战略，创造更大人才红利，加快转方式、调结构、促升级，党中央、国务院做出重大战略部署，发布了《国务院关于加快发展现代职业教育的决定》（国发〔2014〕19号），明确了今后一个时期加快发展现代职业教育的指导思想、基本原则、目标任务和政策措施，提出了"到2020年，形成适应发展需求、产教深度融合、中职高职衔接、职业教育与普通教育相互沟通，体现终身教育理念，具有中国特色、世界水平的现代职业教育体系"的目标任务。根据决定，到2020年，我国中等职业教育在校生将达到2 350万人，专科层次职业教育在校生为1 480万人，接受本科层次职业教育的学生达到一定规模。《国务院关于加快发展现代职业教育的决定》还从根本保障机制上强调了各级政府的投入职责，如要求各级人民政府建立与办学规模和培养要求相适应的财政投入制度；要求地方人民政府要依法制定并落实职业院校生均经费标准或公用经费标准；县级以上人民政府要建立职业教育经费绩效评价制度、审计监督公告制度、预决算公开制度，这些都将从根本上扭转一些地方不重视职业教育的状况。

从"十五"到"十三五"，从推进职业教育改革与发展，到大力发展职业教育，再到加快发展现代职业教育，党的职业教育政策犹如东风，吹遍神州大地，吹到了广西，也吹到了河池这块革命老区。作为经济欠发达地区，河池的职业教育发展面临着比其他地区更多的矛盾和问题。职业教育规模总体上不适应人口规模，教育资源均衡配置与城乡社会发展存在巨大差别的矛盾、教育经费短缺与快速发展教育要求的矛盾表现十分突出。同时，职业教育基础能力较弱，教育观念相对落后，内容方法比较陈旧；职业教育体制机制不完善，学校办学活力不足，教育投入不够，学校布局不尽合理，综合实力和服务能力不强等问题突出。为推动河池教育事业科学发展、跨越发展，2011年12月25日，河池市人民政府印发了河池市贯彻落实《广西壮族自治区中长期教育改革和发展规划纲要（2010—2020年）》实施方案的通知（河政发〔2011〕98号），把大力发展职业教育作为政府的工作任务之一，提出了"统筹发展职业教育，创新职业教育发展模式，强化基础能力建设，提升技能型人才培养质量，增强职业教育吸引力"等主要措施。河池市人民政府整体规划职业教育发展，推进学校和专业布局结构调整，优化职业教育资源配置，实施职教攻坚并取得显著成效。同时明确：要壮大优质职业教育资源，努力推进河池市职教中心学校争创"国家中等职业教育改革发展示范学校"，推进宜州市职教中心学校争创"国家中等职业教育优质特色学校"，推进都安等民族县职教中心学校争创"国家中等职业教育民族特色学校"。此外，还先后制定了《中共河池市委员会、河池市人民政府印发河池市贯彻落实〈自治区党委自治区人民政府关于加快改革创新全面振兴教育的决定〉的实施意见》《河池市人民政府关于印发〈河池市2014年教育振兴行动计划实施方案〉的通知》《河池市人民政府关于印发河池市统筹城乡职业教育发展试点工作实施方案的通知》等职业教育配套政策。

  正是一波又一波职业教育特别是中等职业教育利好政策的引领，特别是有了国家"支持1 000所国家中等职业教育改革发展示范学校建设"的大好政策，河池市职业教育中心学校的建设者们才能巧借东风、审时度势、心有底气、大刀阔斧地进行改革、创新，逐步走上了发展的快车道，成为代表国家职业教育办学水平的中等职业学校。也正是得益于国家、政府的政策红利，得益于各级政府的大力助推，学校的会计专业建设才能一路披荆斩棘，一步步朝规范化、信息化和现代化迈进，从自治区级示范，到国家级示范，成为全国中等职业教育改革创新的示范、提高质量的示范和办出特色的示范，在广西乃至在全国中等职业教育改革发展中发挥引领、骨干和辐射作用。

第二节　厚德精技，快人一步

教育，是培养新生一代，培养国家事业继承人的过程，因此教育培养的人才就必须适合社会之需，面向社会、面向市场。然而，直到目前，仍有很多学校沿袭传统教育模式，大多数重理论而轻实践甚至无实践，培养的人才难以适应当前社会的高速发展。著名教育学家吕型伟曾撰文对我国传统教育进行了回顾与总结：教学内容死板，教学大纲多年不变；单纯的知识教育，旧有经验的复制，忽视实践，没有培养学生动手能力；以考试分数评高低；忽视人文教育，没有进行全面素质教育等。长期以来，我们旧有的观念往往认为，办教育是政府、学校的事，和企业没什么关系。这种观念造成了"职业教育"与"职业"相脱节，导致企业经常面临"用工荒"，而学校则"出口不畅"，学生毕业即失业。

其实，国家早已意识到职业教育沿袭传统教育的弊端。2002年，国务院在《关于大力推进职业教育改革与发展的决定》中首次提出：职业教育要改革以学校和课堂为中心的传统人才培养模式，大力推进工学结合、校企合作的培养模式。要求职业院校要"与企业紧密联系，加强学生的生产实习和社会实践，改革以学校和课堂为中心的传统人才培养模式。中等职业学校在校学生最后一年要到企业等用人单位顶岗实习，高等职业院校学生实习实训时间不少于半年。建立企业接收职业院校学生实习的制度。实习期间，企业要与学校共同组织好学生的相关专业理论教学和技能实训工作，做好学生实习中的劳动保护、安全等工作，为顶岗实习的学生支付合理报酬。逐步建立和完善半工半读制度。在部分职业院校中开展学生通过半工半读实现免费接受职业教育的试点，取得经验后逐步推广"。这种通过反思传统教育的弊端，不断摸索新教育模式，逐步形成的不同于传统教育的教育模式，在对学生进行技能培养的同时，也对学生进行素质教育，即采用"技能＋学历"的教育方法、"七分实践，三分理论"的教育模式，以学生为中心，因材施教，让学生毕业即可就业。这就是校企合作模式，是不少职业院校在职业教育中探索出来的一条新道路。河池市职业教育中心学校的改革探索已经证明，校企合作可以有效地解决人才培养的针对性问题以及职业教育的出路问题，也满足了企业的实际用人需求。

随着我国经济形势良好，市场迫切需要专业技能人才；同时，教育制度的改革迫在眉睫，传统教育模式也注定将被革新，推进校企合作制度化被提上议程。2010年7月《国家中长期教育改革和发展规划纲要（2010—2020年）》第十五条提出：建立健全政府主导、行业指导、企业参与的办学机制，制定促进校企合作办学法规，推进校企合作制度化。同时制定优惠政策，鼓励企业接收学生实习实训和教师实践，鼓励企业加大对职业教育的投入。2014年5月国务院《关于加快发展现代职业教育的决定》（以下简称《决定》）中再次强调校企合作的人才培养模式："坚持校企合作、工学结合，强化教学、学习、实训相融合的教育教学活动。推行项目教学、案例教学、工作过程导向教学等教学模式。加大实习实训在教学中的比重，创新顶岗实习形式，强化以育人为目标的实习实训考核评价。""开展校企联合招生、联合培养的现代学徒制试点，完善支持政策，推进校企一体化育人。"《决定》首次提出企业要发挥"重要办学主体作用"，并将以政府购买服务或税收优惠等方式给予支持。《决定》还强调了企业的社会责任，要求规模以上企业要有机构或人员实施职工教育培训、对接职业院校，设立学生实习和教师实践岗位。企业开展职业教育的情况要纳入企业社会责任报告。这表明国家从制度层面，明确了办职业教育不仅是学校的事，也是企业的事。企业办学不应狭义地理解为出资兴办学校，还应包括参与教育教学过程，如参与制订人才培养方案、接收学生实习、派遣技术人员教授实训课等。校企合作，不仅提高了教育培养人才的力度，也有利于企业的发展壮大，这是一种"双赢"模式。

这种"双赢"经过我校会计专业的建设得到了印证，而且不止于

"双赢",而是政行企校各方"多赢"。国务院《关于加快发展现代职业教育的决定》是2014年5月2日发布的,当时,还在国家改革发展示范校建设当中的我们,欣喜地发现,国家提出的六大激发职业教育办学活力的举措中,"健全企业参与制度""加强行业指导、评价和服务""落实政府职责"举措,正好与我们会计专业建设"政行企校联动"的思路不谋而合。快人一步的人才培养机制,是我们会计专业建设制胜的法宝。首先,河池市人民政府切实承担起了主要责任,一方面委派市委副秘书长兼任学校校长,确保了我们学校和专业建设的正确方向;另一方面,无论是制度上,还是建设上,学校和专业建设的人才、场地、资金等都能得到政府的及时扶助、及时解决,确保了建设的稳步推进。其次,河池市会计协会履行了行业的指导、评价和服务等职责,提供了会计行业人才需求情况等;会计专业建设指导委员会在推进校企合作、参与指导教育教学等方面,更是做了大量的工作。再次,由于校企合作符合企业培养人才的内在需求,有利于企业实施人才战略,企业获得了实惠与利益,由此提高了企业参与教育培养人才的积极性。这种实惠与利益具体表现在:学校让合作企业优先挑选、录用实习中表现出色的学生,使企业降低了招工、用人方面的成本和风险;使企业感受到接收学生顶岗实习不仅不是负担,而且能降低劳动力成本。另外,通过校企合作项目,还将企业文化与理念传输给教师和学生,扩大了企业品牌与无形资产的影响,造就了企业的潜在合作伙伴和客户群体。与此同时,学校会计专业通过校企合作制定人才培养方案、进行课程体系改革、开展师资队伍和实训实习基地建设,成为政行企校联动推进人才培养工程中最大的赢家。通过校企合作培养,我们的学生普遍具有良好的职业意识,在实习中初步具备了顶岗工作的能力,学生在工作、服务第一线接受企业管理,在实际工作岗位上接受师傅手把手的教学,和企业员工同劳动、同生活,切身体验了严格的生产纪律、一丝不苟的技术要求,感受到了劳动的艰辛、协作的价值和成功的快乐,使学生毕业与就业接轨。校企合作对培养学生的组织纪律观念、良好的职业道德、认真负责的工作态度以及艰苦朴素的生活作风、团结协作的团队精神和坚定乐观的生活态度都有极大的帮助，特别是学生通过企业顶岗实习，增加了一定的经济收入，也有助于整个家庭逐渐脱离贫困。这也是我们经济欠发达地区贫困家庭改善家庭生活条件的方式之一，更是政府脱贫攻坚战的重要举措之一。

"政行企校联动"，政府和行业主要起推动和指导作用，学校和企业才是会计人才培养的关键主体。校企合作的方式、内容以及深度决定了人才培养的数量、质量和成效。在实施"政行企校联动"培养会计人才的过程中，我们基于"以德为先、立德树人，厚德正行、强技精技"的人才培养理念，为河池的经济建设培养了优秀的会计基础核算人才。

长期以来，由于受到认识观念的制约，中等职业学校的学生一直被认为是普高选择的淘汰品，是一些品行不够端正、学习能力差、纪律约束差的"问题少年"，中职会计专业的学生当然也不例外。进入21世纪，由于招生体制的变化，很多中等职业学校的学生也确实问题多多。由于文化基础和学习能力原因，很多中职学生的理论和实践操作技能普遍不够扎实，在为人处世、诚实守信、责任担当、勤勉敬业等方面更是表现不佳。可以说，这些问题跟一些中职学校的教育理念、人才培养理念有直接关系。作为培养一线会计人员的主阵地，有不少中等职业学校的会计专业存在"让学生具备较多的专业知识和技能才是好的教育质量"的观念，对学生职业道德的教育，往往简单地由思想品德教育或政治理论课程来代替。有的认为职业道德是从业人员应遵循的行为准则，学生在求学阶段的精力应当放在学好专业技能上；有的甚至认为职业道德教育既虚又空，没有一个评估标准，无法检验其教学效果，没有实际意义等。从而使其培养出来的学生缺乏应有的职业道德观念，"光成才不成人"，导致的结果是既影响了学校人才培养的"出口"，更影响了学校人才培养的"进口"以及声誉，得不偿失。

幸好，从学校开始整合建立河池市职业教育中心学校起，学校领导一直强调学校德育工作特别是职业道德教育工作的重要性。虽然中职的培养目标是技能型人才,但这与学生的职业道德教育并不矛盾。况且,这是国家教育政策规定的职业教育教学工作的重要指标。2005年10月28日公布的《国务院关于大力发展职业教育的决定》中已明确指出:"把德育工作放在首位,全面推进素质教育。坚持育人为本,突出以诚信、敬业为重点的职业道德教育","要把学生的职业道德、职业能力和就业率作为考核职业院校教育教学工作的重要指标"。2014年5月2日发布的《国务院关于加快发展现代职业教育的决定》也指出,要"全面实施素质教育,科学合理设置课程,将职业道德、人文素养教育贯穿培养全过程"。职业教育是我国教育事业的重要组成部分,在职业教育中注重以德育人,抓好学生的职业道德建设是实现"依法治国、以德治国"战略的基础性工作。古人就有"师者,所以传道授业解惑也"之说,而"传道"是放在首位的,这也是市场和企业的需求。以就业为导向的职业教育具有鲜明的社会性和就业性,众多企业都需要那些笃守职业道德规范,具有责任心,忠诚企业,既愿长期为企业服务,又能任劳任怨的员工。据相关调查资料显示,90%以上的企业对会计应聘条件都将职业道德素质(包括遵纪守法、勤政廉洁、服从安排、团结协作、顾全大局)这一条件列在首要,其次才是业务素质(具备一定的财务知识,基本的法律、法规和政策,熟悉计算机应用操作),学历和专业(具有全日制大专以上的财务管理或会计学等经济或管理类专业),职称、年龄、工作经历等。而绝大部分企业对青年就业人员的最大希望和要求就是要有良好的道德修养和工作责任心。一致认为经验、知识、能力,可以在岗位上、在实践中逐步积累和培养,但是为人、工作责任心、诚信、忠诚等这些基本的素质必须从学校抓起,逐步形成。会计是一种经济管理活动,是一种以经济法律法规为依据的经济管理活动,会计信息质量的高低影响着企业的生存与发展。而会计人员职业道德素质的高低,不仅关系到国家的财务制度、财政法规是否能够贯彻执行,更是关系到国家资金财产物资能否安全完整、能否正确使用。因而,凸显了在会计专业加强职业道德教育的重要性和必要性。一直以来，我国经济生活中总会有会计信息失真现象出现，引起了会计界、经济界以至党和国家领导人的普遍关注，从早年的"银广厦""蓝田股份"到后来的"中捷股份""新太科技"等会计造假事件，到近几年频频爆出的上市公司财务造假案，以及普遍存在的一些中小企业偷税漏税、骗保骗贷现象，深刻地反映了当前我们的经济领域存在着严重问题及会计从业人员诚信缺失的事实。

因此，作为培养一线会计从业人员的主阵地，我们致力于从现代化的视角去全面认识会计职业道德教育的必要性和迫切性，探索中职学校会计专业教学全程渗透职业道德教育的内容与方法，将职业道德教育全程渗透于职业教育的专业教学之中，让学生潜移默化地得到长期、反复的熏陶，进而养成职业道德习惯，正确引导学生树立"诚信为本"的职业人格，帮助他们在学生时代就树立正确的人生观、职业观，培养良好的职业道德情操，为将来走入社会形成正确的职业判断力打下良好的基础。这对提高学生的社会责任意识、重树会计行业诚信的品质具有重要的现实意义，也是让会计信息失真现象能防患于未然的有效途径。

我们的专业建设实践证明，中等职校会计专业教学加强职业道德教育有利于提高专业教学质量。会计是一个技术性与政策性很强的职业，只有在学生具备一定会计知识的同时向学生灌输会计职业道德，才能取得更理想的教学效果。中等职业学校，是担负着培养一线会计人员的主阵地，而会计专业都是法规性与制度性很强的学科，这就要求会计教师能在专业技能的教育中贯穿对学生的职业道德教育，这样才能培养真正合格的会计人才。当我们把职业道德教育寓于学校全方位的教学活动之中，特别是在作为职业教育的主渠道、主阵地的专业教学中，学生对自己所学专业的社会价值以及基本的行为规范和道德约束有了更清楚的认识，通过平时的潜移默化，他们必将会习惯于这种行为规范和道德约束，从而会有更多的时间与精力专注于专业的学习，因此，能极大推动专业教学质量的提高，最终真正有效实现"以服务为宗旨、以就业为导向"的教学目标，更有利于学生顺利就业，让学生健康成长、终身受益。可以说，正是由于以校企合作为桥梁，多方联动，厚德正行，强技精技，我们培养的学生最终得以合格输出，专业建设实现了跨越式提升。

第三节　凤凰涅槃，直面挑战

如果有人问，2017年有哪些刷爆会计人朋友圈的大事？答案一定是"财务机器人"和"会计证取消"这两个重磅消息。

2017年5月，德勤宣传的财务机器人亮相，其宣传亮点震撼会计人；2017年8月，财务机器人惊现湖南长沙，记账、报税样样精通。2017年9月，德勤财务机器人正式上岗，工作视频引爆会计人的朋友圈，工作效率秒杀会计人，三四个小时完成一个财务人一天的工作。人工智能时代正在来临，财务人的工作地位岌岌可危！

2017年11月4日，新修订的《会计法》颁布，其中第三十八条将"从事会计工作的人员，必须取得会计从业资格证书"的规定，修改为"会计人员应当具备从事会计工作所需要的专业能力"。会计证取消，意味着以后从事会计工作，不再需要取得会计从业资格证书了，更需要的是相应的专业能力；也意味着会计证这个门槛时代的结束，预示着会计技能时代的开始。随着会计证取消，初级会计职称证书变成了会计行业新的入门证书。据全国会计资格评价网消息，2018年度全国会计专业技术初级资格考试在全国31个省（区、市）9 757个考场同时开考，考试历时9天共18个批次。报考人数达403万人，较2017年增长116%。

其实，随着信息技术的高速发展，如今的财务圈一直是不平静的，无论是2017年的"财务机器人""会计证取消"，还是如今经常被提及的"财务共享中心""财务转型""管理会计"等，都值得所有财务人开始有所"警惕"。时代不断颠覆着我们的思维和习惯，不论你持哪种想法和态度，不管你是会计小白还是财务高管，你都面临着这样一种发展趋势，即随着人工智能的发展，简单重复的会计核算等工作完全有可能被机器替代，在外人看来非常"稳定"的会计工作就完全可能不再稳定，因为大多数会计工作已被机器代劳，录用兼职会计或许将成为大多数企业的用工常态，基础的会计人员将面临"僧多粥少"的职业困局，而根据企业的需求，会计人员可能随时"下岗"，亦可以随时"上岗"，符合共享经济便利快捷特点的"共享会计"将成为可能。除了使用"共享会计"将成为可能的人工智能技术，现代多种信息技术也已经逐渐渗透进财会行业中，比如大数据、云计算、区块链等。中国会计视野信息和上海国家会计学院中国会计信息调查中心曾携手上海财经大学会计信息化研究中心等单位，完成了"2017，影响中国会计从业人员的十大信息技术"评选活动。经过评选，在24项信息技术中评选出了十大影响财务人从业的信息技术，见表4-1和表4-2。

表4-1 当前十大影响技术评选结果

排名	技术名称	总体结果/%
1	大数据	88.68
2	电子发票	81.12
3	云计算	71.26
4	数据挖掘	58.26
5	移动支付	54.69
6	机器学习	50.27
7	移动互联	49.28
8	图像识别	47.48
9	区块链	46.22
10	数据安全技术	45.01

表4-2 未来十大影响技术评选结果

排名	技术名称	总体结果/%
1	区块链	59.54
2	大数据	55.51

续表

排名	技术名称	总体结果/%
3	机器学习	51.54
4	图像识别	45.01
5	云计算	35.04
6	机器人	31.79
7	数据挖掘	25.96
8	电子发票	25.79
9	物联网	23.20
10	数据安全技术	19.48

从表4-1中不难看出，当今信息技术对财务人的影响还是非常巨大的，并且这种影响还会持续较长的时间。有关专家表示，这十大信息技术的影响，无疑会给财会行业带来翻天覆地的变化。由于时代的发展与进步、信息技术的逐步渗透，会计行业的发展也会日新月异，各种会计法律法规、政策也会随之发生变化。其实，做会计的都知道，在这个行业唯一不变的就是每天都有新的政策变化，比如营改增、金税三期、五证合一；比如税收实名制认证、国地税合并、会计黑名单制度、发票新政，还比如会计信用体系、税务信息共享、管理会计转型；还有于2018年7月1日起施行的史上最严继续教育等。未来的会计人，将身处"互联网+会计"时代！这是危机，也是机遇和挑战！作为培养从事基础性会计工作人员的主阵地，中职会计专业将何去何从？中职会计专业的人才培养、课程及教学改革以及专业团队建设将如何进行？人工智能时代，财会人如何拥抱未来？这些问题，都值得我们思索与探讨。

一、会计新政迭出，中职会计专业建设有何应对之道

不知从何时起，流行着财会行业是铁饭碗的说法，只要考到了会计证，就能安安稳稳"混"完这辈子。直到2017年11月4日下午，财政部改革正式完成，无数会计人心中的美梦就这样被"扼杀"了。

想单靠会计证过完下半辈子的会计人，或者对于还不清楚会计行业变革进度的人，将是第一批失业的会计。新政出炉，初级证书被默认为会计从业门槛，以前做会计只要有会计从业资格证书即可，而现在大量的企业招聘已经开始要求会计人至少手持初级证书，甚至需要中级证书、注会证书，更有的岗位明确需要管理会计类证书。按照目前的情况来看，持会计从业证书的就超过2 000万人，更有大批未持证上岗的会计人和每年大批财会应届毕业生，如果会计人不尽快考到其他含金量更高的财会证书，将很难找到工作。而对于财会证书，《会计专业技术资格考试与人才评价"十三五"发展规划》中明确指出：未来5年，将完善会计专业技术资格评价体系，形成初级、中级、高级层次清晰、相互衔接、体系完整的会计专业技术资格评价制度，使会计人才选拔、培养的导向作用发挥明显，会计人员队伍素质大幅提升，初、中、高级会计人才结构进一步优化。"十三五"时期，通过全国会计专业技术资格考试合格人数达190万人左右，其中初级140万人左右、中级40万人左右、高级10万人左右。由此可见，作为一名财会人，证书是肯定需要的。如果连一本基础证书都没有，是很容易被淘汰的。

会计证取消前，中职会计专业培养的学生，主要是从事会计基础核算岗位工作的初级会计人员，只需考取一本会计证就差不多够了。如今取消会计证，用人单位自然而然地会比较注重财会岗位应聘者的学习背景和工作能力。如英大国际控股集团有限公司财务部部长卜兆说，企业会更关注财务会计岗位应聘者是否具有会计专业的学习背景。目前，很多小微企业大部分采用代理记账，部分自设会计岗位的小企业，在招聘时虽然会关注应聘者是否持有财会证书，但更为关注的是"能不能干"。对行政事业单位而言，财务会计岗位仍然对会计专业背景有较高要求，要有可以说明其能力水平的资质证明，如会计职称以及注册会计师证书等。河池是经济欠发达地区，"具备会计专业的学习背景，掌握会计基本理论与会计实操技能的技能型会计人才"，仍然有大量的市场需求。所以，经济欠发达地区中职学校的会计专业，必须顺应时代变革需要，把"为区域经济社会培养具备会计基本理论和实操技能的技能型会计人才"作为自己的历史使命，锐意改革创新，才能在社会变革的浪潮中立于不败之地。

应对措施之一：准确定位人才培养目标

长期以来，中职学校会计专业为社会输送了大量的会计人才，有效促进了社会经济的有序发展。其毕业生就业的对应岗位主要是小微企业的会计、出纳、业务员、收银员、保管员、办公文员等，这些岗位一般要求不是很高，只要掌握一定的财会专业基本理论知识和技能，能熟练操作会计软件，就完全可以胜任。因此，中职会计专业应该加强培养技能型和实用型人才，而不是高精尖会计人才。如果定的目标太高，不但对学生造成不切实际的压力，还会因为赶超这个目标而变得好高骛远，不利于提升会计人才培养的质量。随着企业经济管理手段的加强，许多中小企业更为注重财务人员的综合素质，除了要具备扎实的专业技能，还要会业务、会沟通、会学习。这些要求实际上会倒逼学校在培养会计人才时，必须准确把握、科学定位，在科学制定会计人才培养模式的前提下，对课程、教学、教材、师资团队以及实训、实习条件等要进行改革创新，制订符合市场、社会需求以及自身实际情况的人才培养方案，并付诸实施。这样培养出来的学生才不会轻易被企业淘汰。时代在进步，社会在发展，会计行业唯一不变的就是不断的政策变化。我们需要做的，就是及时更新观念，准确把握自身人才培养定位，制订适应国际国内社会发展形势的人才培养计划，使我们培养出来的学生能胜任未来的工作，实现他们的职业理想。如此，既不会浪费国家给予我们的优质教育资源，也不会影响国家关于会计人才的发展战略规划。

当然，目前我国的经济正处在转型期，企业对于会计人才的要求会越来越高，仅凭中职层次的专业技能，是不可能在这个激烈的竞争环境下舒适生存的。这就要求我们培养学生树立终身学习的观念，培养学生具备不断提升自身业务能力、专业水平和向更高层次发展的意识；更要培养学生的学习能力、沟通能力、团结协作的能力，以实现其会计职业生涯的可持续发展。这样,不管是在会计工作岗位,还是升学继续深造,我们的学生都能脱颖而出,成就更美好的人生。

应对措施之二:改革专业课程体系和课程内容

以就业为导向、以服务为宗旨,深化中等职业教育教学改革,是社会发展的必然要求。随着信息技术的发展,互联网逐步普及,出现了电子商务等新型经济活动形式,会计赖以存在的外部环境产生了很大的变化,从而对会计理论研究和会计实务都产生了重大的影响,传统的会计理论和方法面临许多新的挑战。这些影响既包括会计理论体系的变革等根本性问题,也包括会计信息系统变革和会计内部控制等具体问题。同时,知识经济的发展对会计工作提出了更高的要求,传统的会计已经难以满足用户的多样化需求。以计算机和互联网为代表的信息技术,为会计的变革和发展提供了新的手段,作为中等职业教育中的重点专业之一的会计专业,如何突破原有的教学局限,提高教学效果,培养企业需要的会计人才,是中职会计教育面临的现实问题,尤其是经济欠发达地区中职学校会计专业更应该进行课程改革。

随着会计证的取消,会计初级职称成为新的会计从业门槛后,会计初级职称证书,就成为会计学子证明自身能力水平的必备证书。从2018年初级职称考试教材大纲看,考试范围已大为缩小,考试内容也有所变化。但对于中职会计专业学生来说,由之前的考会计从业资格证书改为考初级职称证书,从实质上讲考试范围是增加的,考试难度也是上升的。因此,会计初级职称考试的变革,要求中职会计专业的课程体系、课程设置必须打破传统、不断创新,解决好学生考取职称证书和切实掌握会计理论与会计操作技能之间的矛盾问题,以培养符合用人市场要求的技能型、综合型会计人才。近几年来,我国会计新业务不断涌现,会计准则规范的内容也有各种改变,各种会计、税务政策不断出台,会计人要学的内容可以说是日新月异。然而现实情况却是,学生上课所用的教材不能及时与之配套,教学内容严重滞后,特别是经济欠发达地区的中职学校,其会计专业的教学与会计工作岗位脱离、教学过程流于形式或纯粹为了学生考证而进行教学的现象较为普遍，更不用说专业课程中能融入企业文化和加强学生会计职业道德的教育内容。因此，综合中职会计专业的培养目标定位，必须根据会计准则、制度、政策等实时更新教学内容安排，重组课程体系，进行会计专业课程改革。课程教学内容要结合实际案例，运用儒家伦理等，采取多种方法切实加强学生的会计职业道德教育，提高其会计职业道德品质，让学生能"以道德弥补智慧的缺陷"，同样能获得幸福的人生。

除了具备较高的职业道德素质，中职会计专业的学生还必须具备较好的解决实际问题的能力。新修订的会计法要求，会计人员要"具备从事会计工作所需要的专业能力"。这个专业能力，笔者认为是会随着时代的进步发展而发生变化的，而且要求会越来越高。中职会计专业学生处于当前会计人员中层次较低的行列，要满足社会的实际需求，提升其应用计算机处理会计业务的能力即会计电算化是首要。近年来，会计电算化的普及率不断升高，在发达城市达到了70%以上，大中型企业更是高达90%以上，然而经济欠发达地区中职学校会计电算化的普及率相比还是很低。因此，在会计专业的课程设置中要加大会计电算化的课程实践安排，提高学生会计电算化的应用能力，同时还要努力提高学生会计电算化软件的维护能力，如此才能在市场竞争中处于优势。此外，中职会计专业重组课程体系，还要注重学生综合素质的培养。中职学校的学生多数来源于普通高中入学考试的落选者，文化基础较差，认知水平较低。公共基础课程要依据学生实际做好统筹安排，以取得最大的教育效果。如对刚入校的中职生，安排数学、语文、英语等公共基础课时，除了做好教材选择之外，还要求教师授课时根据实际需要适当降低教学要求，以学生"够用"为度，适当减少公共基础课课程内容。学生临近毕业，如有接受能力较强、且想继续到高校深造的学生，则再相应增加以升学考试为目的的文化基础内容，为学生职业生涯的后续发展奠定基础。总之，公共基础课以"够用"为度，坚持"少而精，忌多而滥"。专业课则以"实用、实际、实效"为原则，适当增设专业选修课。为提高专业教学的效益性和经济性，体现培养人才的实用性，各课程教材内容应先合理整合，杜绝各课程之间教学内容的重复现象。坚持"实用、实际、实效"的原则，使学生学会必要的知识技能，同时，又可根据个人兴趣选择专业选修课，适当花费时间和精力学会更多辅助技能，以提高自己就业的筹码，更好适应社会的需求。另外，中职会计专业进行课程设置时，可将会计职业相关证书考试课程嵌入该专业相关课程体系中，使学生既可接受学历教育，又可接受认证教育，为其将来获得相关职业资格证书打下良好基础。在课程的考核方式上，除了提高实践技能比例外，还可以通过平时提问、完成实践任务、讨论发言等灵活性的过程考核方式，实施学校、教师、学生、社会、用人单位等多元主体评价、多考点考核，从重视学习效果的总结性评价，向"学习过程的形成性评价和总结性评价"转移，切实提高学生动手操作能力，培养学生的综合素质。

应对措施之三：创新专业课程教学方法

近几年来，我国的职业教育取得了长足的发展，中职学校为企业输送了成千上万的财会人才。由于新修订前的会计法规定，会计从业人员必须取得会计从业资格证书，企业也把取得会计从业资格证作为入职的首要条件，为此，不少会计专业的学生把在校的学习变成纯粹是为了应付会计证的考试，"读死书，死读书"不过是为了能够取得工作的"敲门砖"，对会计实操技能、专业能力不重视，对自己职业生涯的可持续发展没有预见和规划，通过会计证的考试以后更是放松了继续学习的劲头。许多学校也以"考证"引导教学，一切都为考证服务，教师忙于编制考证教材，忙于辅导考证，一味地追求考证通过率，忽视学生会计实操能力的培养，因此也造成不少会计专业的学生应聘就职以后难以立即上手，无法胜任会计实际工作。针对这些以考证为中心的专业课程教学，笔者认为需要改一改了。考证固然重要，但更为重要的是学生的业务处理能力、综合实操能力。学校必须突破"上岗证教育"，重视专业技能的实践和锻炼，才能够提升学生对自己专业能力和素质的自信心，提高其就业的稳定率，更好地帮助学生实现自己的职业理想。2017年11月新修订的会计法将"从事会计工作的人员，必须取得会计从业资格证"的规定，改为"会计人员应当具备从事会计工作所需要的专业能力"，表明国家从法律层面上也要求我们不能以考证为指挥棒来指挥教学，而是将培养学生具备会计专业能力作为教学重心，即"能力"永远比"证书"重要。

当然，强调学生专业能力的培养，不代表学生其他方面的素质都不重要。在实施教育教学活动的过程中，我们需要找到更为有效的方式方法实施课程教学，将职业道德、人生价值等贯穿到对学生的整个职业教育当中去，潜移默化影响学生们的职业观、人生观和价值观。与此同时，加强对不良价值观的抵制教育，设置红色警戒线，让学生提高警惕，学会为自己的行为负责，为自己的职业生涯负责。在教学过程中，要能够改革创新，恰当运用多媒体信息技术，灵活采用模拟、角色、案例教学法、情境教学法等现代教学法，激发学生学习的兴趣，提高学生学习的积极性和主动性，帮助学生更好地掌握理论知识，提高专业技能水平。比如在会计专业课程的教学过程中，可以引用案例教学法，让学生接触的理论知识由书面的转为当前企业实际，由学生进行讨论、分析，将枯燥的理论知识变得形象生动起来，让学生了解如何运用所学知识解决实际问题，进而不断提高学生解决实际问题的能力。此外，学校还可通过制定教师的专业课程教学目标，来提升学生的学习质量。教师在实施会计教学之前，先要特别注意学生的知识储备、能力和素质状况，据以制定详细的、具有针对性的教育目标内容，包括如何学习、怎样做人、怎样合作、如何进行创新等等。然后，根据教学目标与教学任务，把会计的知识点逐个分解开来，编制为新型的实训项目，引导学生灵活运用所学知识解决会计实践问题，快速提高其实践工作能力。另外，课程教学使用的教材、内容应根据政策变化适时增减，让学生能够及时接受或更新会计专业知识、技能，缩短其就业的适应期。

应对措施之四：打造高素质专业教学团队

教师肩负着教书育人、培养高素质人才的光荣使命和历史重任，不是简单的人力资源，不是"雇佣兵"，而是社会和学校的宝贵财富，学生择校的实质是择师。习近平指出："一个人遇到好老师是人生的幸运，一个学校拥有好老师是学校的光荣，一个民族源源不断涌出一批又一批好老师则是民族的希望。"因此，一所优质中职学校，一个优质会计专业，首先应建设和发展教师队伍，打造高素质教学团队。中职会计专业组建优秀专业团队所遇到的影响因素主要来源于两个方面：一是团队成员的专业知识与技能；二是专业团队内外部的协调沟通能力和教学能力。目前中职学校大多数会计专业团队改革创新能力有待增强，尤其是经济欠发达地区，由于工资、福利待遇较低，难以吸引优秀的会计专业师资，相当一部分会计教师是其他专业的教师转行而来，有的甚至没有经过专业的会计知识培训，部分会计教师专业基础不扎实、专业理论不过硬、专业技能不精，授课时只是照本宣科，讲解流于表面，教学效果可想而知。此外，虽然当前中职学校在录用会计专业教师时有至少本科学历的要求，但由于大多是应届毕业生，对企业生产经营具体流程并不了解，普遍缺乏会计实践操作经验，短时间内也很难培养出高素质、技能型的优秀人才。有些中职学校为提高教师的实践能力，要求教师下企业顶岗实践，甚至作为评定职称的条件，但由于师资缺乏，在真正实施时往往只能流于形式，走过场，无法达到真正目的。也有些中职学校要求教师考取会计专业技术职称，将其作为提高教师待遇的鼓励政策之一，但事实是许多教师即使考取了相应会计职称，也没有真正从事实际会计工作，对实践教学并无帮助。目前，在对会计从业人员不要求"证书"但强调"具备专业能力"的情况下，中职学校迫切需要加强教师的教学能力和专业实践能力建设，打造一支实操经验丰富的、高素质的"双师型"教学团队。

在这个团队中，专业带头人是团队的核心和灵魂。在团队建设过程中，专业带头人要形成自己的风格，以带动团队的内在素质建设、外在能力建设以及团队的文化建设等。专业带头人除了对团队建设起导向作用，还要起服务作用。如及时提供教师教学过程中涉及每个会计岗位需要了解的信息，一些新政策制度下相应会计业务处理的背景和解决思路等。这样不但可以降低教学内容出错的概率，还可以提升教学团队成员解决教学问题的能力，凝聚整个团队的力量，树立其教师职业生涯的成就感和自信心。何为"团队文化"？一个人的价值观会影响整个团队的价值观，起到导向和推动作用，最终，不言而喻的规则就形成了"文化"。当然，中职会计专业团队建设的原则是人尽其才、才尽其用。专业团队由于分工不同所发挥的作用也有所差异，在进行团队建设时，除了考虑现有人员结构的合理布局之外，还需要考虑在未来两三年内，因专业发展需要补充专业人才，在团队人员的职称、年龄、学历等各方面结构上早做规划。就整个团队而言，每个成员都存在一定的短板，尤其是因为长期从事单一的一线教学、现实的年龄结构差异等所造成的在沟通以及理解新知识、接受新理念方面产生的偏差。为了弥补短板，学校要做的是加强团队成员间的交流和培训，还可以考虑通过一些政策，有针对性地鼓励成员走出去学习，或者聘请企业行业专家到校指导、培训，培养整个团队的学习氛围，提高专业团队整体的综合素质。在一个专业团队中，只有每个成员都最大程度地发挥自己的潜力，并在共同目标的基础上协调一致，才能发挥团队的整体能量，产生整体大于各部分之和的协同效应。建设好一个团队，需要每一方面、每一环节都尽可能做到最好，才能让团队的作用最大化；相反，无论团队建设中的哪一件小事、哪一个细节做不到位，都会影响团队成员的积极性，进而影响团队整体的威力。有效的团队协作对个人素质有较高的要求，团队成员除了应具备优秀的专业知识以外，还要有优秀的团队协作能力。这种协作能力，有时甚至比成员的专业知识更能决定专业的教育教学效果。

二、人工智能时代，中职会计专业建设如何拥抱未来

自从2016年谷歌研发的AlphaGO战胜人类棋手后，人们对人工智能技术的关注热度迅速攀升。人工智能在帮助人类提高工作效率的同时，也令各行各业的人感到焦虑。2017年，以德勤、普华永道、安永、毕马威为代表的国际四大会计公司相继上市财务机器人以及财

务机器人解决方案，一场针对传统财务行业的变革正在进行中，一个"机器人流程自动化"的时代正悄悄来临。以机器人为代表的人工智能逐渐进入财务人的视野，并且侵占财务人的岗位。RPA 技术被越来越多的企业、银行广泛运用，引起了社会对会计职业是否会被机器人取代问题的大讨论。财务人的淘汰危机真的来了吗？

首先，让我们来了解下人工智能与财务机器人。

根据百度百科，人工智能是研究、开发用于模拟、延伸和扩展人的智能的理论、方法、技术及应用系统的一门新的技术科学。英文缩写为 AI。它是计算机科学的一个分支，它企图了解智能的实质，并生产出一种新的能以人类智能相似的方式做出反应的智能机器。人工智能领域的研究包括机器人、语言识别、图像识别、自然语言处理和专家系统等。人工智能从诞生以来，理论和技术日益成熟，应用领域也不断扩大，可以设想，未来人工智能带来的科技产品，将会是人类智慧的"容器"。人工智能可以对人的意识、思维的信息过程进行模拟。人工智能不是人的智能，但能像人那样思考，也可能超过人的智能。人工智能是一门极富挑战性的科学，从事这项工作的人必须懂得计算机知识、心理学和哲学。人工智能是包括十分广泛的科学，它由不同的领域组成，如机器学习、计算机视觉等，总的说来，人工智能研究的一个主要目标是使机器能够胜任一些通常需要人类智能才能完成的复杂工作。但不同的时代、不同的人对这种"复杂工作"的理解是不同的。2017 年 12 月，人工智能入选"2017 年度中国媒体十大流行语"。

财务机器人则是人工智能在财务领域的具体应用。它是一种计算机控制软件，能够代替人执行基于一定规则的重复性指令，可跨软件、跨平台、多窗口操作。财务机器人目前能做的主要是核对类、收集类等重复性高、技能要求低的工作。在整个财务价值链之中，财务机器人已经在应付账款、应收账款、固定资产、差旅及费用、现金管理、总账、账务管理等各个层面，为各类型企业与合作伙伴提供专业服务。比如与多家银行不同账号的对账，对周报、月报数据的汇总梳理，利用内部财务系统、外部税务系统、进项税票管理系统、上月申报的留底税额等数据源，进行增值税差额的核对。财务机器人运算速度快，而且能够24小时不间断工作，可以大大提高工作效率，因此简单的分录、记账和报销工作今后可能不再需要人力。以常见的增值税专用发票管理为例：借助财务机器人并配合OCR技术等，人只需要把增值税发票放入扫描仪中进行扫描，剩下的工作就全部可交由机器人完成，不到一分钟，就可成功查验一张发票并在Excel表中登记结果。

  2017年6月，国内高校首个财务智能服务机器人"财宝"亮相电子科技大学。作为财务智能服务机器人，"财宝"拥有"内部管理"与"外部服务"两大功能，可进行"主动问好""智能回答"和"人机交互"等，它会主动跟师生打招呼、介绍服务内容，还能听懂用户的问题并通过语音、图片、文字、视频等方式进行回答。"财宝"具有高度拟人性，它的高清交互屏可表达不同情绪，而其肢体可根据预设时间来跳舞或播报内容，亲和力十足，可谓"形象代言人"。同时，部门管理者可通过"财宝"的"员工状态打卡"功能进行人事管理，改进相关工作。2017年8月，在长沙智能制造研究总院，没有任何会计基础的某公司经理，经过20分钟操作流程培训后，将公司上月的发票、工资发放等流水录入会计机器人系统，15分钟后录入完毕，惊讶地发现会计机器人已把记账凭证、会计账簿、利润表、国地税申报表等全自动生成。经过逐一核对，会计机器人所生成的凭证、会计账簿、会计报表、报税报表准确率达到100%。2017年9月，德勤财务机器人正式开工，财务人员只需要把增值税发票放入扫描仪中进行扫描，剩下的工作全部都由"小勤人"完成了。"机器人"会把需要勾选的发票整理成批量勾选上传文件，再导入发票选择确认平台中，就可以抵扣进项税了。一个"小勤人"三四个小时就完成了财务人一天的工作，效率十分惊人。

  财务机器人将人工智能引入财务会计工作中，能够有效处理会计核算、报表编制、数据统计及汇总等工作，这对传统的会计核算工作会产生一定的冲击。传统财务会计核算工作中，财务人员面临大量的费用报销审核、付款、记账工作，这些重复性高、复杂度低的活动消耗着财务人员大量时间。同时，人工处理财务数据差错率较高、财务合规及审计效率较低且不能完全杜绝风险等方面，也成为财务工作的痛点。财务机器人的问世，以其人工智能属性的绝对优势，解决了财务工作的痛点，大大释放了财务人员的业务处理时间和精力，让财务人员转为聚焦于更高价值的财务活动，创造更大的价值。例如通过对票据自动识别、分类汇总、智能校验、自动付款等智能功能，财务机器人使得这一切变得简单高效，此外还可实现电子归档，已过账的凭证自动转换为标准电子凭证，并与相关有唯一编码识别的附件一起上传到电子档案系统进行归档。不仅如此，有的财务机器人，如金蝶智能财务机器人还能在企业决策、履行管理会计职责上起辅助作用。例如通过语音交互和大数据分析，实现企业经营智能管理，如业绩评估、销售预测等。除此之外，金蝶智能财务机器人还能和人说话、聊天。该机器人植入了语音识别技术，在开票时可以自动识别说话人的身份，继而查找出其客户是哪些，然后根据这些信息快速找出待开票的数据，匹配好后自动提交给金税系统，等开具完发票并返回发票号码、发票代码之后，可以自动提交给打印机进行打印。同时，它还能够根据预置的智能财务报告模板，抽取不同财务报表的相关数据，提炼整合并智能形成解读文字，最后利用语音合成技术，进行财务报告的语音播报。其中，语音播报不仅限于报告解读，还可以对各种异常事项的监控进行实时播报。

随着人工智能技术的不断发展升级，财务工作朝着无纸化、智能化、自动化的方向而发展的趋势越发不可逆，越来越多的财务基础性工作，如手工填制凭证、记账、对账、结账等工作将会被快速替代。相比较而言，人工智能比人工完成的工作更加出色、效率更高。另一方面，人工智能的快速发展，极大地拓宽了会计行业的渠道空间，使得过去有限的会计空间得到了极大的释放。资深注册会计师、南通市注册会计师协会副秘书长刘志耕表示，在不远的将来，人工智能不仅会进一步夯实和拓宽在财会、审计领域的应用范围，而且还会向纵深及横向发展，如财务人工智能会将企业的财务管理与日常生产经营管理相结合，这不仅会大大提升企业财务管理的水平、拓展财务管理的功能，而且还会大大促进财务管理向管理会计的拓展和升级，促进企业的战略、业务和财务一体化，使得企业各级管理人员能据此对日常发生的各项经济活动进行规划与控制，并帮助决策者做出各种专门决策，从而更好地改善经营管理，更好地创造和维护价值，提高企业经济效益。

财务机器人的问世让会计行业面临巨大的发展契机，许多财务人，尤其是从事基础工作的财务人，感到了前所未有的危机感。虽然财务机器人为财务部门的工作带来效率的提升，帮助财务人员完成大量重复规则化的工作，但从另一角度看，则意味着财务机器人可以取代绝大多数财务会计，财务人面临着失业的风险。因为财务会计日常一些基础的、重复的工作，人工处理占用大量时间，机器人几分钟就能完成。由于机器人投入成本低而回报效率高，财务人员如果依旧停留在算账、贴发票等基础性取代性强的工作上，企业将更愿意用机器人来取而代之。达沃斯论坛曾就机器人发展前景的最新调研指出，到2020年，最有可能被机器人抢走饭碗的岗位就包括低端制造业的生产、销售、会计等。

当然，目前由于财务机器人上市时间较短，还称不上完全智能化，还处于流程自动化阶段。而会计行业受准则制约，具有较强的政策性和规则性，在数据标准化方面并不如意。另外，由于企业业务需求的差异性，要实现财务流程标准化也非易事。目前，人工智能虽然已经成功跨进财务、审计、税务三大行业，但从这三大行业软件的实际应用情况来看，应用范围还不是很广，应用层次还不是很高，应用的程度也不是很深，还仅停留在对机械、单一、重复的财会事项的处理上。从阿尔法狗与李世石的博弈中可以看出，尽管人工智能在很大程度上展示了其对人类的巨大优势，如长时间从事单一"思维"后仍然能保持高效、清晰的处理能力，但相比于人脑的灵活处理和学习能力，却存在着很大的差距。财务工作是企业工作的重中之重，尽管企业会不断追求更加高效的数据处理和财务分析，但同时也会重视财务活动的可控性和安全性。所以，当人工智能引入财务工作后，在保证快速获取市场信息、有效处理财务信息、准确转化决策信息的同时，还要能够确保人工智能运用过程中的安全和可靠，而在目前的技术及安全环境下，财务数据的泄露或崩溃都可能给企业带来难以弥补的损失。所以，人工智能在引入财务工作的过程中，其安全性、可靠性仍然需要不断的研究、实践和改进。可以说，尽管人工智能已经取得了显著进步，但人工"智能"要想取代人类"智慧"应该没有可能。而实际上，目前财务机器人还处于客户匹配和应用磨合阶段，大量潜在用户还在观望。"财务机器人可以取代绝大多数财务会计，财务人面临失业的风险"，这样的情况还有一段时期，财务人员不必因此而惊慌失措、自乱阵脚。特别是像经济欠发达地区，会计行业受人工智能冲击，面临洗牌和选择的情况尚需时日。

但是，毋庸置疑，机器人包括财务机器人迟早会上岗，进而逐渐取代部分人类的工作，这是时代大势所趋。在人工智能时代，随着合成智能与人造劳动者的不断发展，机器在机械化操作上将具有超越人类的突出优势，产业结构变化与岗位调整速度将大大加快，许多专用技能将随着工作岗位的消失而失效。这种转变与替代尽管并不能在一夜之间实现，但因人工智能的发展将变得异常迅速，这对劳动者的认知技能提出了更高要求，而具备较高认知能力、富有创新意识和能力、对经济社会转型适应性更强的高素质劳动者，才能成为未来劳动者的主体。目前，尽管中等职业教育旨在培育各类技能人才，然而大部分中等职业学校主要对学生进行以就业为导向的简单技能培训，以满足社会的相关岗位需求。在课程设置上，与普通高中教育相比，中等职业教育的文化课、通识教育被严重轻视，这类课程的教学质量远远低于普通高中，甚至部分中等职业学校根本不开文化基础课，学生入校后就直接进入实训阶段。许多中职毕业学生缺乏必要的文化素养和认知能力，实质上属于低技术劳动力中的一员。然而，未来十年中国制造业必将经历智能化的大变革。这场变革要顺利实现，依赖的是更多的创新型高技能劳动力而不是中低技术劳动力。因此，笔者认为，中等职业教育要满足人工智能时代对高素质劳动者的需求，必须从上到下，从职业教育职能部门到中等职业学校，从职业教育工作者到职业教育受教者，都要转变观念，主动接纳和学习人工智能等现代信息技术。要将最能体现人的综合素质的技能，如人对于复杂系统的综合分析、决策能力，基于人自身的情感与他人互动的能力（即沟通能力）等，作为人工智能时代最有价值、最值得培养和学习的技能，适时加强培养、培训和学习掌握，才不至于被时代快速地淘汰。所谓适者生存，就是这个道理。

首先，职业教育职能部门要科学合理规划和适时调整中等职业教育的总量规模，同时兼顾区域间经济发展水平差异引起的人才需求层次差异，以满足区域经济对中低技能劳动力的需求。东部沿海发达地区作为现代服务业和智能制造的先行区，应取消中等职业教育和普通高中招生规模大体相当的规定，加快提高普通高中的入学比例，重视和强化高等职业教育的发展，努力提升高素质、高技能劳动者比重。中西部地区承接了大量劳动密集型传统产业，与东部地区存在梯度差异，中低级技能劳动力需求在一段时间内依然较为旺盛，可考虑伴随着其产业结构的转型予以适度超前调整。像河池这样的经济欠发达的西部地区，中等职业教育的规模保持与普通高中招生规模大体相当，也是适应市场需求的。

其次，中等职业学校必须规范管理，切实提升办学质量和水平。要畅通升学渠道，加强学校的社会再就业培训职能，让继续深造成为中低技能劳动力技能提升的重要途径。2010年中国人口普查数据显示，20~55岁仍有67.8%的劳动人口为小学或初中学历。如果上述40岁以下的劳动者无法通过再学习提升技能水平，未来将很难适应人工智能时代对劳动力素质和技能需求的变化。而中等职业学校能够在这一过程中承担更多的社会再就业培训职能，帮助劳动者提高素质，实现再就业。此外，由中职教育步入高等职业教育，是现有中低技能劳动者未来转型升级的重要渠道。因此，中职学校一要用好用足国家出台的中等与高等教育衔接的对口升学政策，打破中等职业教育是"尽头教育"的格局。二要尽可能与著名企业实现校企对接、产教融合，保证学校紧跟当前技术变革前沿，以随时能为市场提供适应人工智能时代的高技能综合型人才。三要加快步伐，组建紧密型的职业教育集团，走集团化发展道路，进一步加强专业、课程、师资、实训基地建设，加快内涵建设步伐，加快凝练办学特色，实现差别竞争、错位发展，避免同质倾向，走出一条经济欠发达后发展地区职业教育改革发展之路。2017年6月，河池市就组建了以广西现代职业技术学院为龙头的河池市职业教育集团，集团成员有16所职业院校（其中高职学校1所，包括河池市职业教育中心学校在内的中职学校15所），区内外企业及其他成员单位76家，专业涵盖冶金、机械、汽车、电子、建筑、财经、学前教育、桑蚕、制糖、农业、卫生等行业。河池市职业教育集团搭建了中高等教育贯通、校校合作、校企合作的平台，建立了共建共享的合作机制，在资源共享、优势互补、以强扶弱、合作共赢、抱团发展方面发挥了积极作用，将有效地破解我市职业教育整体布局不合理、专业设置缺乏统筹、人才培养与行业需求不相匹配、服务地方经济社会发展和脱贫攻坚能力弱、县级中职学校办学弱招生难等困难和问题，推动我市职业教育"集团化、规模化、现代化"发展。

再次，中职教育工作者要转变观念，不要只是单纯聚焦于研究自己的教学方法、教学模式和教学改革，而是着重去研究学生的学习方法、学习模式和学习状态的变化，关注学生是否实际获得了相关知识和技能。要针对中职学生在数学、阅读、科学等方面认知能力和素养较低的问题，加强学生的文化素质与通识教育，提升学生的认知技能。认知技能的提高将增强中职学生的终身学习能力，为其未来适应产业智能化转型打下良好基础。同时，要善于疏导和引导，让平板电脑、手机等智能设备成为学生学习的工具，让人工智能在经济欠发达地区不再是新面孔、新事物。

具体到中职会计专业的建设者们，一方面要清楚会计行业的变革进度，随时掌握会计行业和政策动态，不断更新自己的专业知识和技能，如此才能培养出符合市场需求的高素质技能型人才；同时，教师自己也不能轻视和抵制与会计审计相关的人工智能，而是要接纳、适应它，利用它来服务自己的教育教学工作。只有教育者们能从容地拥抱这个时代，学生才有可能不落后于这个时代。另一方面，要帮助学生做好职业生涯规划，让学生树立长远职业目标，坚定自己成为高技能复合型财会人才的志向。要让学生也就是未来的财会人明白：未来的会计行业，真正需要的是懂法律、懂会计、懂业务、懂平台化软件管理的综合型人才。一旦财务机器人被大量使用，那些基础性的、中低级的财务工作将被财务机器人取代，随之而来的就是中低级财务会计人员将被管理会计师等高端财会人才取代。所以，要想未来不被社会、被时代淘汰，首先得学会和人工智能合作，做好与财务机器人成为同事的思想准备。将来，只有能与财务机器人合作、能高效完成工作的人，才会走得更高更远。还要树立终身学习的观念，积极实践、勇于探索，不断提升自己，努力使自己成为具有多维度思维和综合型能力的复合型、战略型财会人才。学习是一种思维，是一种习惯，更是一种能力。要多学习政策，多学习实务技能，多学习一些企业财务战略布局方面的知识，让自己不仅能记账，还了解生产、业务、物流、战略等多个领域；不仅懂财务，也懂业务。懂得更多，会的更多，能帮助企业完成更高的扩展，才不会被取代，更不会被淘汰。

最后，还要做好向管理会计转型的准备。为什么要做好向管理会计转型的准备？这其中的原因已是不言而喻。近年来，我国企业所面对的经济环境已经发生了很大变化。在全球性竞争日益激烈的情况下，企业必须依靠提升内部管理的精益化程度来谋求生存和发展。因此，作为企业精益化管理的核心内容，管理会计在我国呈现出巨大的发展空间。市场对管理会计人才的需求，呈现出持续性的快速增长。财政部副部长胡静林此前曾表示："我国虽然有 2 000 万会计人员，是会计人才大国，但还不是强国，高端会计人才相对缺乏，其中能够较好地为单位管理高层提供有效经营和最优化决策信息的管理会计人才尤其匮乏。"据相关统计数据，目前全国 2 000 万持证会计人员中，财务会计工作人员比例高达近 80%，仅仅有 20% 的会计属于管理型会计。未来 5 年，大量的核算型会计将被淘汰出局；未来 10 年，中国将急需大量的管理型会计人员。更何况，信息技术的日新月异已经将人类社会推向了移动互联网时代，在记账算账领域，电脑将更多地取代人力成为主导。不做好向管理会计转型的准备，那就只能做好被淘汰的准备！

未来，不会学习、不会业务、不会沟通，故步自封的财会人，注定是会被淘汰的！

结　束　语

　　领导关怀、政府支持、策马扬鞭、铸就辉煌。会计专业作为国家重点示范专业，在河池市委市政府的大力支持下，围绕学校"1234567"发展战略和思路，沿着学校确立"立足河池，唱红广西，名扬全国，走向世界"的目标开拓进取。会计专业作为国家重点示范专业，更要开拓进取、引领示范。

　　教育部部长、党组书记陈宝生同志到校视察并为河池市职业教育中心学校题词："为学生职业生涯筑基，为产业发育成长铺路，为区域经济发展充电，为河池社会进步美容，为决战脱贫攻坚助力。"为我们会计专业建设发展指明了方向，我们要认真领会实践他的殷切寄语。

　　风帆正举，斗志高昂。会计专业建设前行的路上还会面临许多需要解决的问题，河池市职业教育中心学校会计人，永远在路上，向着更加美好灿烂的明天迈进！

参 考 文 献

[1] 谢良才,杨金梅.关于中职学校专业课教师专业化标准结构的调查研究[J].教育与职业,2011(21):20-22.

[2] 韩忠.中职教育人才培养模式探析[J].教育教学论坛,2011(28):182-183.

[3] 申瑞杰.中职教育与自学考试沟通衔接的必要性与可行性[J].职业时空,2012(10):23-25.

[4] 范心忆.中等职业教育"双证融通"内涵反思[A].职教论坛,2013(13):62-64.

[5] 熊英,朱晓芳.影响教师专业发展的因素分析[J].教育理论与实践,2013,33(15):42-43.

[6] 陶军.基于校企合作的会计专业教学团队建设[J].职业技术教育,2014,35(5):79-81.

[7] 周银燕.中职会计专业校企合作多元化[J].科技经济市场,2015(11):242.

[8] 雷云平,杨晓宇.会计技能竞赛对中等职业会计教学的影响以及对策[J].科技导刊—电子版(中旬),2015(16).

[9] 申翠香."双师型"教师现状调查与分析[J].现代职业教育,2015(29).

[10] 欧阳河.着力推进专业现代化建设[J],江苏教育,2017(44).

[11] 杨恭宝.财务人才培养和对会计信息的认识[J].金融经济,2015(14).

［12］潘上水. 论新技术下会计的转型升级和未来发展［J］. 会计之友，2016（23）.

［13］黄柳苍. 人工智能发展对会计工作的挑战与应对［J］. 教育财会研究，2017（2）.

［14］吴金克. 论人工智能与财务信息化［J］. 财会学习，2018（11）.

［15］郑敏. 探析会计信息化与人工智能结合所带来的影响［J］. 现代经济信息，2017（21）：232-232.

［16］倪清翠. 中职会计专业教学现状和模式改革［J］. 职业，2018（6）.

后　　记

　　首先要感谢学校、广西师范大学职业技术师范学院的领导在本书撰写过程中，给出了指导性的意见和推荐，对笔者遇到困难和疑惑及时给予悉心指点，提出了许多有益的改善性意见，投入了超多的心血和精力。对大家的帮忙和关怀表示诚挚的谢意！同时，还要感谢名师班授课老师们的指点和同学们互相学习、互相帮忙，共同度过了一段完美难忘的时光。

　　此外，还要感谢评阅本书的徐京耀老师的辛苦工作！衷心感谢我的家人、朋友以及同事们，正是在他们的鼓励和支持下我才得以顺利完成此专著。

吴艳琼

2019 年 6 月 12 日